NO LABIRINTO DO CÉREBRO

Paulo Niemeyer Filho

No labirinto
do cérebro

2ª reimpressão

OBJETIVA

Copyright © 2020 by Paulo Niemeyer Filho

Grafia atualizada segundo o Acordo Ortográfico da Língua Portuguesa de 1990, que entrou em vigor no Brasil em 2009.

Capa
Alceu Chiesorin Nunes

Imagem de capa
Into the Circle, de Wassily Kandinsky, 1911, aquarela, 49 × 49 cm. Coleção particular. Walter Mori/ Mondadori Portfolio/ Bridgeman Images/ Fotoarena

Infográficos
Erika Onodera

Preparação
Lígia Azevedo

Revisão
Thaís Totino Richter
Angela das Neves

Dados Internacionais de Catalogação na Publicação (CIP)
(Câmara Brasileira do Livro, SP, Brasil)

Niemeyer Filho, Paulo, 1952-x
    No labirinto do cérebro / Paulo Niemeyer Filho. —
1ª ed. — Rio de Janeiro : Objetiva, 2020.

    ISBN 978-85-470-0107-0

    1. Cérebro — Anatomia 2. Cérebro — Danos 3. Cérebro — Doenças — Diagnóstico 4. Cérebro — Envelhecimento 5. Médico e paciente 6. Médicos — Relatos 7. Neurocirurgia 8. Niemeyer Filho, Paulo, 1952-x 9. Relatos de experiências. I. Título.

20-33893   CDD-617.48

Índice para catálogo sistemático:
1. Relatos de experiência : Neurocirurgia : Medicina   617.48

Cibele Maria Dias – Bibliotecária – CRB-8/9427

[2020]
Todos os direitos desta edição reservados à
EDITORA SCHWARCZ S.A.
Praça Floriano, 19, sala 3001 — Cinelândia
20031-050 — Rio de Janeiro — RJ
Telefone: (21) 3993-7510
www.companhiadasletras.com.br
www.blogdacompanhia.com.br
facebook.com/editoraobjetiva
instagram.com/editora_objetiva
twitter.com/edobjetiva

*Para a querida Bebel, minha mulher,
e meus filhos e enteadas Bel, Paulinho, Maria e Bebelzinha.*

Agradeço a Bebel pela ajuda na revisão do texto.
A Emily Castro, neurocientista, pelo auxílio na pesquisa bibliográfica.

Sumário

O começo

Num sábado de manhã, quando saía de casa para passar o fim de semana fora, recebi um chamado para atender um rapaz que se acidentara fazendo pesca submarina nas ilhas Cagarras, no litoral da cidade do Rio de Janeiro. Já com a família dentro do carro, procurei saber mais detalhes para confirmar se era mesmo um caso para mim. Veio o relato: após um mergulho, o paciente subiu muito rapidamente e chocou-se com o fundo da lancha, fraturando a coluna cervical e ficando tetraplégico de imediato. Não conseguia mais se mexer, com exceção da cabeça. A sorte foi que sua roupa de mergulho fez com que boiasse e, felizmente, de barriga para cima. Quando o amigo que o acompanhava na lancha se deu conta de sua demora, a maré já o havia levado para longe, sem que ele tivesse condições de pedir ajuda. O socorro foi acionado, mas os mergulhadores nada encontraram nas profundezas do mar da região, e ele foi dado como desaparecido.

Assim, seguiu boiando por toda a noite, tendo sido quase atropelado por um transatlântico, momento em que teve a esperança de ser visto e resgatado. Depois disso, sempre que se sentia sonolento, provocava dor intensa em sua coluna, com determinadas posições da cabeça, a fim de manter-se alerta. Após quatorze horas de flutuação, o dia já claro, viu que estava se aproximando de uma praia. Mas o que deveria ser um alívio tornou-se uma ameaça, pois se uma onda o virasse, seria o fim. Foi então que alguns pescadores avistaram algo boiando e foram ao seu encontro. Estava salvo. Foi rebocado para terra firme, então soube que chegara a Niterói, a alguns quilômetros do Rio de Janeiro. Pediu que sua mulher fosse avisada do acidente e que me chamassem.

Quando ela me contou o que acontecera, recomendei de imediato a transferência do marido para o Rio e cancelei minha viagem. Ao chegar ao hospital, ele mexia apenas a cabeça e me impressionou com seu único pedido: "Eu não quero morrer de jeito nenhum, mesmo que fique assim".

Após submetê-lo aos exames de imagens, constatei que sua medula encontrava-se edemaciada e comprimida num ponto de estreitamento, entre a quinta e a sexta vértebras cervicais. Por sorte, ela não estava seccionada, assim não se tratava de um caso perdido, e tínhamos uma esperança de recuperação.

Levado à sala de cirurgia, realizei uma laminectomia descompressiva de três níveis, que consiste na retirada da porção posterior das vértebras, alargando, assim, o canal onde se localiza a medula, que voltou a pulsar. Agora, era aguardar e fazer muita fisioterapia. Progressivamente, ele foi melhorando, e hoje encontra-se independente, apesar de restrição motora do lado esquerdo do corpo, que não o impede de caminhar.

Esse caso me emocionou especialmente, não apenas pelo drama com final feliz, mas também por uma confidência que o paciente me fez no dia da alta. Contou-me que, desde que salvei um amigo seu acidentado, passou a andar com meu telefone na carteira, ainda que não me conhecesse pessoalmente, e que sua mulher sabia disso. Durante a madrugada solitária em que boiara, dizia a si mesmo que se fosse salvo mandaria me chamar para cuidar dele, e essa era a senha para que sua mulher entendesse, de imediato, a gravidade da situação.

Cresci ouvindo histórias tão emocionantes como essa, mas relatadas por outro neurocirurgião: meu pai. Elas me fascinaram tanto que acabei fazendo dele o grande exemplo a seguir. Mas nunca imaginei que, um dia, eu também teria as minhas próprias para contar...

Ainda menino, eu o acompanhava Brasil afora, quando ele era chamado para ver casos graves. Na adolescência, sempre que podia, assistia às suas cirurgias, sentado num canto da sala, já paramentado de cirurgião. Testemunhei uma época de idealismo e entusiasmo, que faziam da medicina uma profissão romântica. A neurocirurgia era uma especialidade que engatinhava, misteriosa, e na qual tudo ainda estava por fazer.

No início de minha carreira, era com meu pai que eu mais conversava e para quem gostava de contar meus casos médicos, pois, mesmo para os colegas de profissão, o cérebro era ainda muito desconhecido.

Desde então, o mundo mudou, e a neurociência teve grande desenvolvimento e divulgação, tornando-se tema que agrada a muitos, com presença em revistas de assuntos gerais e em programas populares de televisão. Hoje, o interesse dos jovens pela profissão é enorme, por isso recebo, anualmente, dezenas de candidatos à residência em neurocirurgia. No dia a dia, converso sobre meu métier com amigos de outras áreas, e sinto que há uma enorme atração pelas histórias médicas e suas novidades tecnológicas.

Em um encontro que tive com o editor Luiz Schwarcz, conversamos muito sobre o despertar dessa curiosidade, e daí surgiu a ideia de um livro em que eu pudesse percorrer o cérebro com o leitor, contando sobre sua evolução até chegarmos à neurocirurgia, e relatar minha vivência neste campo impressionante da prática diária da medicina e seu impacto na vida das pessoas.

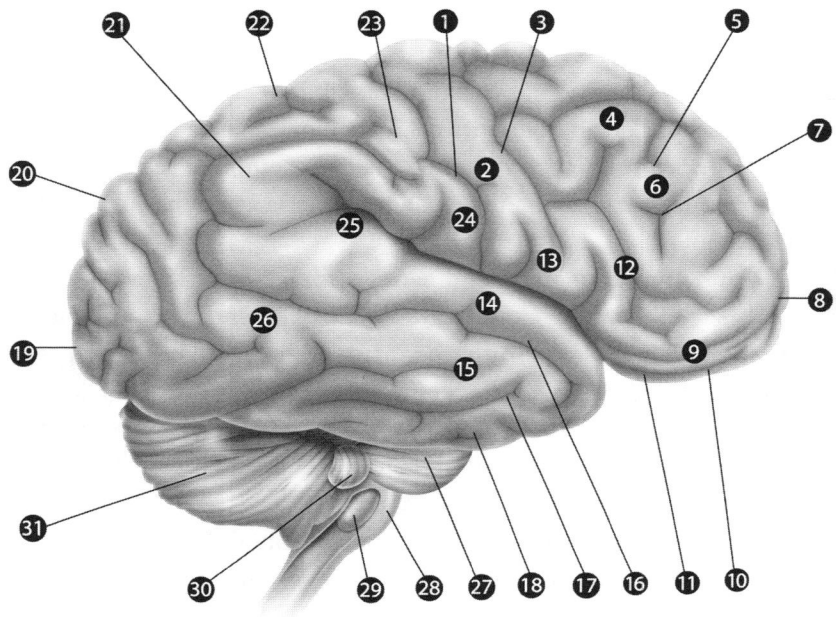

1 Sulco ou fissura central
(separa o lobo parietal do frontal)

2 Giro pré-central (função motora)

3 Sulco pré-central

4 Giro frontal superior
(atenção, iniciativa e comportamento social)

5 Sulco frontal superior

6 Giro frontal médio

7 Sulco frontal inferior

8 Lobo frontal
(planejamento, movimento, pensamento abstrato)

9 Giro orbitário

10 Bulbo olfatório

11 Trato olfatório

12 Opérculo frontal
(sistema límbico, paladar, emoções)

13 Opérculo frontoparietal
(sistema límbico, paladar, emoções)

14 Giro temporal superior

15 Giro temporal médio

16 Sulco temporal superior

17 Sulco temporal inferior

18 Giro temporal inferior

19 Lobo occipital (visão)

20 Sulco occipital transverso

21 Lobo parietal inferior
(ligado à sensibilidade do corpo)

22 Lobo parietal superior

23 (estímulos, movimentos, coordenação)

24 Sulco pós-central

25 Giro pós-central (ligado à somestesia)

26 Giro angular (linguagem, pensamento matemático,
cognição espacial, memória, atenção)

27 Ponte (transmite informações da medula e do bulbo
ao córtex cerebral)

28 Pirâmide da medula oblonga

29 Oliva (controle motor)

30 Flóculo (cerebelo)

31 Hemisfério cerebelar
(coordenação movimentos corporais)

As partes do cérebro.

1. Os lobos frontais: O que nos faz humanos

Para o cirurgião, uma tarde de consultas é sempre menos emocionante do que o tempo passado no centro cirúrgico. É, entretanto, no consultório que fazemos novos amigos e ouvimos boas histórias. Muitas são repetitivas e acabam esquecidas; as que fazem a diferença, porém, chamam a atenção por um detalhe, nem sempre percebido pelo paciente, mas que pode acabar mudando a sua vida.

Atendi a um paciente de 35 anos, muito simpático e de aspecto saudável, como tantos que me procuram com queixas vagas — sintomas inespecíficos, que não ajudam a formar um diagnóstico. À medida que me relatava seu caso, eu ia mudando minha impressão inicial, até que fiquei certo de estar diante de uma situação séria. Ele sentia uma dor de cabeça noturna, que o importunava havia duas semanas, despertando-o durante o sono, e que não melhorava com analgésicos.

Recomendei que fizesse uma ressonância magnética. O exame mostrou um grande tumor na base do crânio, por baixo dos lobos frontais, numa região chamada goteira olfatória. Como diz o nome, é a região por onde passam as fitas olfativas, delicados

15

prolongamentos do cérebro que se dirigem às cavidades nasais e são responsáveis pelo olfato.

O primeiro sintoma de tumor, nesta região, costuma ser, justamente, a perda do olfato, pois as ditas fitas finas e delicadas são logo destruídas pela doença. Nesse caso, o que me fez solicitar o exame foi a dor de cabeça noturna que o despertava de madrugada, mas que melhorava durante o dia.

Para o neurologista, um relato como esse é típico de aumento da pressão intracraniana, comum nos tumores cerebrais, já que o crânio é uma cavidade fechada, de paredes rígidas, o que faz com que o crescimento de qualquer estrutura atípica como um tumor, um coágulo, ou mesmo um inchaço cerebral produzam um aumento da pressão dentro do crânio.

O rapaz tinha um grande meningeoma, tumor que se origina nas meninges, as membranas que envolvem o cérebro. Esses tumores são considerados benignos, mas podem se tornar graves quando não detectados precocemente, já que crescem de forma lenta, sem apresentar sintomas, e podem alcançar grandes volumes. Quanto maiores, mais difíceis de serem removidos. Apesar de nascerem fora do cérebro, eles crescem e o penetram, como um iceberg, do qual só vemos a pequena porção que aflora. Essa era a situação do nosso paciente. Tumor volumoso, com extenso inchaço do cérebro, produzindo hipertensão intracraniana. Seu caso era muito grave, mas com boas possibilidades de cura, se o tumor fosse totalmente extirpado.

O paciente foi operado com sucesso, mas não foi possível preservar suas fitas olfativas, que já se encontravam englobadas pelo tumor, de modo que não havia outra solução a não ser sacrificá-las.

À primeira vista, a perda do olfato parece ser de menor importância, mas é preciso lembrar que, além dos prazeres dos aromas e sabores, ele é fundamental como alarme, indicando a presença de fumaça e gases.

Alguns meses depois, numa consulta de revisão, comentei sua ótima recuperação diante da gravidade da cirurgia pela qual passara e dos riscos que sofrera. Para meu espanto, ele me disse que sua vida, desde então, havia mudado. Revelou-me que sempre fora deprimido, desde a adolescência, e que costumava passar dias trancado em um quarto escuro. Vivia num mundo em preto e branco, sem nunca haver tido amigos ou namoradas, fazendo uso constante de antidepressivos. Toda essa tristeza, entretanto, desaparecera após a operação, como num passe de mágica. Ele agora era outra pessoa, sentia-se feliz, seu mundo tornara-se colorido, estava namorando e havia abandonado as medicações psiquiátricas.

Num primeiro momento, fiquei atônito com o relato, num misto de satisfação e surpresa pelo bem que fiz ao rapaz e pelo resultado inesperado.

É sabido que os lobos frontais estão relacionados ao comportamento e que grandes tumores nessa região podem causar depressão e distúrbios de personalidade. Não era esse o caso. Sua depressão era anterior ao surgimento do tumor. Não havia assim nenhuma relação de causa e efeito. Sua mudança de comportamento diante da vida, portanto, deveu-se, sem dúvida, à manipulação dos lobos frontais durante a cirurgia. Esta, apesar de não ter sido diferente das inúmeras outras que já realizei, com certeza desativara algum circuito cerebral com mau funcionamento, fazendo desaparecer a melancolia.

Essa história ilustra muito bem o papel dos lobos frontais, não só na definição da personalidade, mas também do que significa "ser humano". O desenvolvimento dos lobos frontais foi determinante na evolução do *Homo sapiens*. Dentre os primatas, o homem tem o maior cérebro, especialmente por conta dessa região. Ainda que não haja consenso, muitos acreditam que o crescimento do cérebro propiciou o desenvolvimento das características cognitivas humanas. O crescimento dos lobos frontais moldou também a nossa estética, fazendo com que o cérebro avançasse para a frente, formando a chamada bossa frontal, que é a nossa testa curva e saliente. Essa característica anatômica peculiar é somente observada nos homens de Neandertal e nos humanos modernos. Já nos macacos a testa é plana, inclinada para trás, justamente porque não há desenvolvimento dessa região.

Nossos lobos frontais são três vezes maiores do que os dos grandes primatas, e devem esse crescimento ao surgimento de novos circuitos neuronais nas regiões mais anteriores do cérebro, chamadas pré-frontais. Essas novas áreas são consideradas associativas, pois permitiram uma maior integração das várias funções cerebrais e propiciaram o desenvolvimento do psiquismo, da personalidade, do comportamento social e da linguagem. O homem tornou-se o único animal que tem ciência de si próprio e que sabe que um dia vai morrer. Toda essa região, que representa um terço do cérebro, é recoberta pelo córtex, sua camada mais externa, ondulada e acinzentada, com quatro milímetros de espessura. Ali se localizam os neurônios, a consciência, o encontro da razão com a emoção e, consequentemente, a tomada de decisões.

Os lobos frontais comandam nossa vida e organizam nossas ações através de suas funções executivas. São responsáveis pela capacidade de previsão, foco e atenção necessária ao planejamento e tomada de atitude diante dos objetivos da vida cotidiana, e por possibilitar uma mudança de estratégia diante de um fato inesperado. Para tanto, as regiões pré-frontais selecionam e integram informações necessárias, dentro de nossa experiência individual.

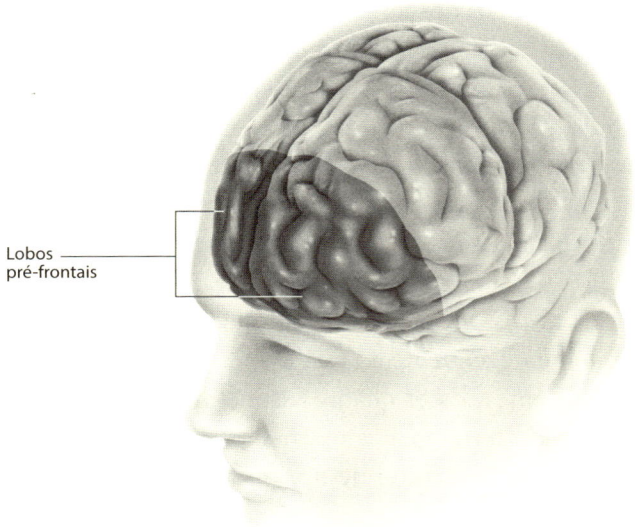

Lobos
pré-frontais

Um jogador de futebol, por exemplo, necessita dessas funções para manter sua atenção voltada para o jogo, antecipar as jogadas dos companheiros e dos adversários, planejar a sua atuação, tomar atitudes individuais que possam beneficiar o time, seja um drible ou até mesmo uma falta, e diante de situação adversa saber como mudar de estratégia.

Nas últimas décadas, introduziu-se, entre as funções executivas, o conceito de memória de trabalho, que é a nossa capacidade de manter uma informação recente, só por um tempo, para uso imediato, tal como passar um recado sem precisar escrevê-lo.

A motivação é também uma função dessa região. Não saímos da cama pela manhã se não tivermos um projeto, uma obrigação ou o desejo de fazer alguma coisa. É a força que nos impulsiona, diariamente, para realizar nossas atividades e buscar nossos sonhos. Essa energia depende do bom funcionamento de circuitos frontomesiais dos lobos frontais, próximos à linha média, envolvendo os giros cíngulos. Assim, lesões nessas áreas podem provocar um estado de apatia ou ausência de desejo, conhecido como abulia. Quando o quadro é mais severo, temos o mutismo acinético, em que o paciente encontra-se desperto, acompanha objetos com os olhos, mas não fala e não se mexe, apesar de estar acordado, poder falar e não ter nenhuma paralisia. Por vezes, com muita insistência, consegue-se alguma resposta verbal ou motora. O que é curioso, nos casos de abulia, é que alguns pacientes falam fluentemente somente ao telefone e, vez por outra, emitem opiniões coerentes. Esses quadros são, em geral, consequências de hemorragias ou traumatismos cranianos graves.

Há pouco tempo, tratei de um senhor que sofreu extensa hemorragia cerebral no lobo frontal esquerdo. Esteve em coma por várias semanas, e recuperou-se lentamente. À medida que despertava, ficava claro que se encontrava hemiplégico à direita e afásico, ou seja, com paralisia daquele lado do corpo e incapaz de falar. Aos poucos, entretanto, as sequelas que pareciam definitivas foram melhorando, e restou apenas a abulia. Atualmente, ele caminha, se solicitado, e responde secamente, se inquerido; caso contrário, permanece sentado e calado o dia inteiro, observando o ambiente. O que encanta a família é que, ao telefone, ele é capaz de manter conversação fluente e coerente, fenômeno ainda sem explicação científica.

Supõe-se que a capacidade cognitiva do homem se desenvolveu no decorrer de milhões de anos. O crescimento progressivo do cérebro nos primeiros hominídeos, depois no *Homo erectus* e, finalmente, no *Homo sapiens*, deveu-se às mutações genéticas casuais, que aumentaram sua capacidade de sobrevivência pela aptidão para a vida em grupos, com a colaboração entre os indivíduos. Sem a força física, a vida em sociedade foi fundamental para o homem fazer frente aos grandes carnívoros, aumentar sua eficiência na caça e vencer a seleção natural. Os que se beneficiaram de um cérebro maior e mais sofisticado transmitiram suas características às gerações seguintes.

Os estudos antropológicos e genéticos mostram que o *Homo sapiens* conviveu com outras espécies de hominídeos, em especial com os homens de Neandertal, há cerca de 40 mil anos. Os neandertalenses já mantinham alguns rituais, como enterrar seus mortos, mas não foram capazes de falar, segundo se supõe, por causa de características de sua orofaringe, região anatômica no fundo da boca que envolve a base da língua e o palato. A comunicação devia ser feita, provavelmente, por meio de sons e sinais.

Essa limitação pode ter dificultado a organização de grupos da espécie e contribuído para o seu desaparecimento, tendo sido eles possivelmente superados e extintos pelo *Homo sapiens*, que desenvolveu a linguagem falada. Apesar dessa hipótese, o sequenciamento do genoma do homem de Neandertal, conduzido pelo Max Planck Institut für Evolutionäre Anthropologie, na Alemanha, revelou que houve entrecruzamento das duas espécies e que o *Homo sapiens*, até hoje, contém de 1% a 4% de seu genoma herdado do homem de Neandertal.

A linguagem surgiu devido a essa evolução genética, que brindou o cérebro com a capacidade de pensamento simbólico e, consequentemente, a língua falada.

A história do homem e da chamada "agência humana", que é a sua capacidade de intervir e de se impor no mundo e na natureza, começa com o surgimento do pensamento simbólico e a capacidade dos lobos frontais de controlar seus impulsos biológicos, sua agressividade e seus desejos primitivos, permitindo um convívio social harmonioso.

O pensamento simbólico, que é exclusivo do homem, é capaz de transformar os fatos em símbolos, criando assim um mundo hipotético e abstrato, de valores morais e éticos, e de paixões, de fé e mitos. É a origem das religiões e das representações de suas divindades, em totens e objetos sagrados, e ainda das artes, do alfabeto, da linguagem, do numeral, da matemática, das leis, do direito e da ciência — coisas que não existem na natureza, apenas no nosso imaginário. Do simbólico surge o inconsciente de Freud, os sonhos, os atos falhos e o pensamento, assim definido por Lacan: "O homem não pensa com sua alma, como imagina o filósofo. Ele pensa com uma estrutura, a da linguagem".[1]

Essa capacidade extraordinária de criar e interpretar símbolos, que permitiu o desenvolvimento da linguagem e mudou o mundo, é atribuída ao aparecimento de uma nova e extensa camada de neurônios no cérebro humano, denominada neocórtex.

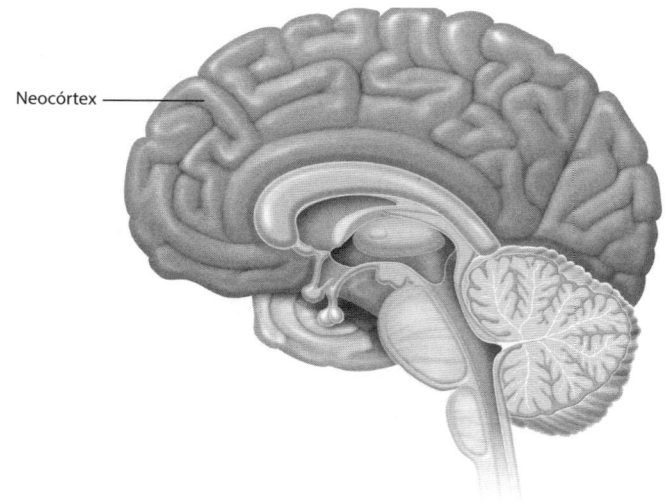

Neocórtex

Ao longo de milhões de anos, à medida que os animais foram ascendendo na escala filogenética, o córtex cerebral foi adquirindo novas camadas. A mais antiga é chamada de arquicórtex, seguida pelo paleocórtex e finalmente pelo neocórtex. Assim, os peixes não têm córtex, enquanto os répteis, como as tartarugas, possuem o arqui e o paleocórtex. Essas estruturas rudimentares são voltadas especialmente para o olfato e compostas por apenas duas ou três camadas de neurônios.

O processo evolutivo, entretanto, desenvolveu de maneira progressiva a nova e última capa para o cérebro, chamada neocórtex. Ela já se encontra parcialmente desenvolvida nos maiores mamíferos, sendo responsável pelos sentidos mais apurados, como visão, audição, maior capacidade de adaptação e inteligência. Mas é no homem que o neocórtex atinge sua plenitude, sendo formado por seis camadas de neurônios que recobrem nossos córtices mais primitivos, arqui e paleo, e o restante dos hemisférios cerebrais, assumindo funções preferencialmente de integração e associação, que farão toda a diferença. O *Homo sapiens*, portanto, tem em seu cérebro os três tipos de córtices presentes em toda a escala evolutiva zoológica, lembrando Charles Darwin e sua teoria da evolução das espécies.

O desenvolvimento anatômico possibilitou que as regiões pré-frontais criassem um mundo próprio em cada um de nós, pessoal e intransferível, moldado por nossos pensamentos e experiências. O homem, portanto, não é por definição um animal racional, como sugeriu Aristóteles no século IV a.C. Ele é, sobretudo, um ser simbólico, capaz de dar valor e sentido aos fatos, como afirmou o filósofo alemão Ernst Cassirer no século XX. Segundo ele:

em vez de lidar com as próprias coisas, o homem está, de certo modo, conversando constantemente consigo mesmo. [...] o homem não vive em um mundo de fatos nus e crus, ou segundo suas necessidades e desejos imediatos. Vive antes em meio a emoções imaginárias, em esperanças e temores, ilusões e desilusões, em suas fantasias e sonhos.[2]

O simbolismo também explica os ritos, que segundo Harvey Whitehouse, antropologista inglês da Universidade de Oxford, são "a cola que mantém os grupos sociais unidos". Eles criam identidade entre as pessoas pelas rezas, danças, lutas e pelos cantos. Por exemplo, os ritos católicos, judaicos e islâmicos, e as cerimônias de reverência à bandeira nacional, que unem a população de um país. Da mesma maneira, as danças de guerra de uma tribo indígena podem ser comparadas aos batalhões atuais marchando em passo de ganso, em perfeita sincronia, promovendo a conexão e a confiança entre seus participantes.

São chamados de "doutrinais" aqueles rituais que agregam grandes populações em torno de uma crença comum. Eles estimulam a solidariedade entre pessoas que nunca se viram e contribuem para o desenvolvimento das comunidades. Whitehouse, entretanto, considera perigosos os rituais que chama de "imagísticos", que envolvem sofrimento físico ou automutilações: "rituais traumáticos criam fortes laços entre quem os vivencia juntos".[3] São observados em pequenos grupos intensamente unidos, como cultos, pelotões militares e células terroristas. Assim, veteranos de guerra que passaram por provações e sofrimentos mantêm para sempre ligação intensa entre si. Os estudos de Ara Norenzayan, psicóloga da Universidade de Colúmbia Britânica, em Vancouver, Canadá, também sugerem que o estímulo aos terroristas suicidas se deve mais aos ritos de seus grupos do que à devoção religiosa.

Além do neocórtex, outras modificações anatômicas importantes surgiram com a evolução do *Homo sapiens*, ampliando sua capacidade de sobrevivência. Por milhões de anos, os instrumentos feitos pelos hominídeos eram os mesmos, de geração em geração, sem nenhuma criatividade. O pensamento simbólico também permitiu a invenção de novos utensílios e instrumentos sofisticados, que alavancaram o nosso progresso. Para tanto, foi crucial o desenvolvimento da capacidade de oponência do polegar, que só existe no homem, e que lhe permitiu realizar o movimento de pinça com as mãos. O macaco tem os cinco dedos em linha, por isso é incapaz de fazer a pinça. Sem esse movimento não teríamos habilidade e não nos seria possível usar a caneta, o bisturi ou os talheres. De nada adiantariam as boas ideias se não fosse possível realizá-las. Apesar de não nos darmos conta, os movimentos do polegar são delicados, complexos e precisos, e isso se deve à grande representação que têm no córtex motor. Ou seja, o polegar é a estrutura anatômica que dispõe de maior área cortical, exclusiva para executar seus movimentos.

O aumento do cérebro trouxe muitas vantagens ao *Homo sapiens*, mas também algumas preocupações. A bipedalidade resultou na redução da bacia e no maior volume do crânio. Essas alterações anatômicas criaram dificuldade para o parto, tornando necessário o limite de nove meses de gestação para que o tamanho do crânio não ultrapasse a nova dimensão da bacia feminina. Assim, todas as crianças passaram a nascer em estado altricial, ou seja, totalmente imaturas, com o cérebro ainda em formação. Ao contrário de outros animais, como o cavalo, que já nasce andando e se defendendo, os bebês humanos tornaram-se incapazes de sobreviver sem auxílio e proteção, devido ao lento amadurecimento e crescimento cerebral nos seus primeiros anos de vida.

O cérebro humano inicia sua formação na terceira semana de gestação e continua evoluindo até a adolescência. Ele quadriplica de volume e atinge 90% de seu tamanho até os seis anos de idade. O número de neurônios cresce, progressivamente, após o nascimento, e alcançará o ápice nos lobos frontais por volta dos dez anos.

Essa maturidade cerebral arrastada, especialmente das áreas pré-frontais, se por um lado é necessária à formação da memória e a uma maior capacidade de aprendizagem, por outro expõe essas regiões a distúrbios do desenvolvimento que podem resultar em transtornos como autismo e esquizofrenia, observados apenas em humanos. Essas alterações do desenvolvimento cerebral ainda não são plenamente conhecidas devido à multiplicidade de variações possíveis. Entretanto, está clara sua relação com o autismo quando se constata que aproximadamente 90% dessas crianças apresentam o volume craniano acima da média entre os dois e três anos de idade, devido ao aumento da substância branca cerebral. Nesta fase, em geral, a doença ainda não foi diagnosticada, e a diferença de tamanho tende a desaparecer com o tempo.

Sem dúvida, a evolução do cérebro, em especial dos lobos frontais, distinguiu o homem na natureza, tornando-o sua obra-prima.

Em seu livro *The Brain from Ape to Man*, sobre o desenvolvimento do cérebro humano, o renomado neurologista norte-americano Frederick Tilney, da Universidade Columbia, que se dedicou ao estudo da anatomia comparativa do sistema nervoso central, considerou tamanha a importância dos lobos frontais na evolução do homem que sugeriu que todo esse período evolucionário, do surgimento do *Homo sapiens* aos nossos dias, devesse ser chamado de Era do Lobo Frontal.

2. A linguagem e o pensamento

Em que momento o homem primitivo começou a falar?

A fala depende do funcionamento e do movimento integrado de várias estruturas anatômicas, como aparelho respiratório, laringe, cordas vocais, faringe, língua e lábios, para que a passagem do ar produza o som desejado. Podemos encontrar essa anatomia em várias espécies animais que se comunicam emitindo sons, que são sinais de alerta, de manifestação de raiva ou de fome. Alguns têm a capacidade de imitar até mesmo o homem, como o papagaio. A fala humana, entretanto, é diferente, porque é feita de símbolos, que representam os fatos.

Georges-Louis Leclerc, o conde de Bouffon, eminente naturalista francês que influenciou Charles Darwin, afirmava que, se um gorila pudesse falar como o papagaio, ele continuaria sendo apenas um gorila falante. Os símbolos permitem ao homem pensar o passado, o presente e o futuro. Essa capacidade é exclusiva do *Homo sapiens*, e alguns críticos de Darwin, como Max Müller, usavam esse argumento para justificar a impossibilidade de evolução da espécie, já que não existia nada semelhante a essa habilidade na natureza. Müller perguntou e respondeu ele mesmo: "Onde está a diferença entre os animais e o homem? [...] Na linguagem. O homem fala, mas um animal jamais emitiu uma palavra. A linguagem é o nosso rio Rubicão, e nenhum animal ousará cruzá-lo".[1]

O aparecimento do pensamento abstrato, chamado por muitos de "revolução cognitiva", permitiu ao homem desenvolver a capacidade de dar significado e valor aos símbolos e objetos, abrindo caminho para o surgimento das palavras e a comunicação oral. Não se sabe exatamente em que momento essa mudança ocorreu, mas se supõe que tenha sido com as primeiras manifestações culturais e religiosas, há cerca de 30 mil anos, evidenciadas nas pinturas rupestres e nos objetos, aos quais os sacerdotes atribuíam poderes sobrenaturais. Isso equivale, nos dias de hoje, ao valor que damos ao pedaço de madeira que virou a belíssima *Sant'Ana Mestra*, assinada pelo grande Aleijadinho, que com certeza ocupa o centro de um altar onde depositamos nossas esperanças.

A fala aprimorou a comunicação entre os homens e nos diferenciou como espécie. A linguagem, entretanto, não é igual para todos, é uma aquisição individual, que qualifica as pessoas por sua capacidade de expressão verbal e escrita, podendo até mesmo identificá-las. Um bom conhecedor de literatura pode reconhecer o escritor pelo texto, que é único, como uma impressão digital.

Ainda que seja uma função consciente, a linguagem está ligada ao inconsciente, e nem sempre as palavras têm a precisão desejada. Atribui-se a Freud a frase "as palavras servem para esconder a verdade". Elas, por vezes, são o biombo da alma, por não revelarem o pensamento completo. A psicanálise ajuda a desvendar o que está guardado no inconsciente e camuflado pelo discurso, decifrando também o significado dos sonhos e dos atos falhos.

Quando nos comunicamos, interpretamos não apenas as palavras, mas toda a linguagem silenciosa que as acompanha, como a saudação, o gestual, o sorriso, a inflexão na voz. Mesmo em silêncio, as atitudes podem ser reveladoras. Por exemplo, quando se é recebido por alguém que permanece sentado, está implícito um descaso pelo assunto, pela pessoa ou pelos dois.

Segundo Proust, mestre das entrelinhas, "a verdade não tem necessidade de ser dita para ser manifestada, e que podemos talvez colhê-la mais seguramente sem esperar pelas palavras e até mesmo sem levá-las em conta, em mil sinais exteriores".[2] Replicando Proust, Deleuze afirmou: "A verdade não se dá, se trai; não se comunica, se interpreta; não é voluntária, é involuntária".[3]

O interesse pela linguagem dos gestos e expressões é antigo, e muito já foi escrito sobre o assunto. Charles Darwin abordou o tema em seu livro *A expressão das emoções no homem e nos animais*, em que considerou que as expressões faciais e posturas corporais são sinais de comunicação "que adaptam o indivíduo para a vida, na complexa existência social".[4] Darwin também sugeriu que as expressões de emoções são instintos que evoluíram por seleção natural, da mesma maneira que as características anatômicas. Ele baseou seus estudos na observação de crianças e doentes mentais, e para reforçar a tese de que os instintos eram inatos observou as expressões em indivíduos de diferentes partes do mundo, culturas, continentes, concluindo que de fato eram todos semelhantes.

Em *Tito Andrônico*, primeira e mais sangrenta tragédia de Shakespeare, Lavínia, filha do general romano que dá nome à peça, é violentada por adversários dele, que amputam sua língua e suas mãos para que não possa denunciá-los. Mesmo sem falar ou escrever, o pai entende seu sofrimento e sua vergonha, estampados em seus gestos e expressões, e termina por matá-la, encerrando assim seu calvário.

O neurologista inglês MacDonald Critchley, em seu estudo sobre a linguagem silenciosa, *Silent Language*, diferencia a mímica do gestual, que considera parte da linguagem. A mímica e a pantomima se referem a uma comunicação em que os movimentos substituem a palavra falada. É a comunicação silenciosa feita com um sinal afirmativo ou negativo de cabeça, uma saudação militar levando a mão à tempora, a comunicação manual entre pessoas com deficiência auditiva, certas danças africanas ou filmes mudos antigos. Já a gesticulação faz parte da linguagem e acompanha a palavra falada para enfatizá-la, incluindo aí expressões faciais de alegria ou preocupação, irritação ou indiferença. Essas expressões podem ser voluntárias e programadas, como no caso de um jogador de pôquer ou de um advogado defendendo uma causa, mas, em geral, são automáticas e involuntárias. Os gestos que acompanham a linguagem estão presentes em todos os seres humanos, independentemente de etnia, origem ou cultura.

Algumas doenças interferem nessa comunicação silenciosa, seja por gestos ou mímica. Os pacientes com Parkinson, por exemplo, ao falar, não apresentam expressão ou emoção no rosto, que parece uma máscara. Eles não movimentam seus músculos faciais em harmonia com as palavras e o conteúdo de seu discurso. Não franzem a testa, não sorriem, não gesticulam, e seu rosto não demonstra prazer ou descontentamento.

Já os pacientes que sofrem de afasia completa, resultante de lesões cerebrais em área de linguagem, perdem a capacidade de falar, compreender o que é dito, de escrever, de ler e de se comunicar por sinais ou por mímica. Isso se deve, em suma, à impossibilidade de interpretarem símbolos.

A linguagem silenciosa é também observada em todos os animais, e acredita-se que os homens já a utilizavam antes mesmo de falar. Quando está alegre, o cachorro balança o rabo, e quando está raivoso mostra os dentes; portanto, a linguagem de sinais não é exclusiva dos seres humanos. Um turista se faz entender, em muitos países, porque alguns sinais são sem fronteiras, como um polegar para cima, um rosto zangado ou um dedo na vertical em frente aos lábios, pedindo silêncio.

Ao que tudo indica, as estruturas anatômicas necessárias à fala antecederam a linguagem, mas e o pensamento? Existe associação entre ele e a linguagem? Quem veio primeiro? O pensamento e a fala são uma unidade indivisível?

Tudo indica que as palavras participam do pensamento, e isso parece evidente em algumas situações, por exemplo quando pessoas idosas pensam alto, falando sozinhas. Entretanto, há controvérsia quanto a se as duas funções são independentes.

O neurologista MacDonald Critchley transcreveu em *The Annual Oration* uma conversa entre a Mente e a Fala, retirada de um livro sagrado oriental, em que ambas proclamam suas excelências. Diz a Mente: "Certamente sou melhor que você, pois você não diz nada que eu não entenda, [...] e já que você é apenas uma repetidora do que eu faço e uma seguidora dos meus passos, eu sou certamente melhor que você". A Fala responde: "Seguramente sou melhor que você, pois o que sabe eu torno conhecido, eu comunico!". Diante do impasse, apelaram ao deus Prajapati, o Senhor da Vida, divindade suprema da religião hindu. Prajapati decidiu a favor da Mente, dizendo à Fala: "A Mente é sem dúvida melhor, pois você é apenas uma repetidora de seus feitos e uma seguidora de seus passos".[5] Em suma, a fala é o arauto da mente, e uma depende da outra.

O paciente afásico, que perdeu a capacidade de interpretar símbolos e, portanto, de entender as palavras, está lúcido? O que fazer numa situação dessas, quando é solicitado um atestado de lucidez ou de incapacidade para o trabalho? Há casos que são evidentes, mas outros são muito difíceis de se avaliar.

Certa vez, operei uma paciente de cinquenta anos com tumor cerebral maligno, descoberto ao investigar lentidão de raciocínio e dificuldade ao falar. A cirurgia transcorreu bem e houve melhora dos sintomas. Durante a radioterapia, entretanto, ela desenvolveu uma incapacidade progressiva de compreensão, por vezes trocando palavras, o que denunciava certo grau de afasia. Viúva, ela tinha um filho de quatorze anos e um irmão mais velho, de quem era sócia num empreendimento hoteleiro. Todos eram muito bem-educados, instruídos e tinham um relacionamento harmonioso, o que facilitava o tratamento. Em certo momento, o irmão me solicitou um atestado de incapacidade da irmã, para que ele passasse a gerir a empresa sozinho. Justificou o pedido alegando a urgência em saldar compromissos financeiros. Tudo naquele momento era muito claro e fazia sentido, por isso forneci o documento, já que desde o início era ele o responsável da família por todas as decisões médicas. Algum tempo depois, a paciente veio a falecer, como previsto, e não tive mais notícias deles.

Anos depois, recebi em meu consultório um jovem que se apresentou como filho dela. Relembramos todo aquele período difícil, então ele me apresentou uma cópia do atestado de impedimento da mãe, que eu havia dado ao tio dele, e me contou como aquele documento havia mudado a sua vida. Maldosamente, fora usado para deserdá-lo, quando ainda era menor de idade e indefeso.

Meu mundo veio abaixo. Senti-me enganado, como pude ser tão ingênuo?! O tio do rapaz havia usado o atestado para se apoderar da parte da irmã nos negócios, e ele só tomara pé da situação ao completar dezoito anos. Desde então, lutava na justiça pelos seus direitos.

Aquela história, como um filme, me voltou à cabeça e lembrei, claramente, que a paciente apresentava um distúrbio de linguagem importante e, como consequência, sua compreensão estava muito comprometida, impossibilitando-a de tomar qualquer decisão. Por isso, o atestado era verdadeiro e foi dado de boa-fé, mas essa questão não interessava mais naquele momento. Eu precisava corrigir o erro e ajudar o rapaz.

Coloquei-me à disposição para depor perante a justiça ou fornecer qualquer outro documento que pudesse ser útil à ação judicial. Nunca mais tive notícias dele, e toda vez que me lembro do caso desejo que o filho tenha sido bem-sucedido.

O diagnóstico de lucidez, por vezes, é um desafio. O quanto é dependente da linguagem? Esse é um problema corrente no dia a dia dos neurologistas. O cérebro não tem área exclusiva para a linguagem, um centro com características próprias que possa ser identificado anatomicamente. A linguagem resulta de uma integração de várias áreas, todas elas concentradas no hemisfério cerebral dito dominante. Como regra, o hemisfério esquerdo é dominante em 95% das pessoas destras e em 75% dos canhotos. Daí vem o preconceito entre direito, que sugere o certo, o correto, e sinistro, que lembra má índole, ou "gauche", como diriam os franceses.

Quantas crianças canhotas foram obrigadas a escrever com a mão "certa", que era, em tese, a direita? No início do século XX, era rotina nas escolas obrigar as crianças canhotas a treinar a escrita com a mão direita, ainda que às custas de medidas drásticas, como imobilizar o membro superior esquerdo. Vários estudos associavam as crianças sinistras a diferentes deficiências. O criminologista italiano Cesare Lombroso observou em 1903 em suas pesquisas que os canhotos eram mais numerosos entre os criminosos que entre os homens honestos. Já o médico inglês H. Drinkwater relatou no *British Medical Journal*, em 1924, um estudo que fez com mais de 2 mil crianças, em que concluiu que "os canhotos, sem exceção, mostravam algum grau de retardo no desenvolvimento mental".[6] Em 1946, outro estudo feito pelo psiquiatra Abram Blau, chefe do Conselho de Educação da cidade de Nova York, alertou que a crescente aceitação de crianças canhotas pelos pais e professores resultaria em graves distúrbios de aprendizado e desenvolvimento. Para evitar esse desastre, aconselhava que "as crianças deveriam ser estimuladas, desde cedo, a adotar destralidade".[7]

Essa crença foi disseminada por puro preconceito, e o resultado foi um aparente aumento na incidência de gagos. A dominância do hemisfério cerebral é determinada pela presença da função da linguagem, ou seja, se a linguagem se encontra no hemisfério cerebral esquerdo, este será o dominante. A área motora dominante é aquela que executará a linguagem, falada e escrita, que poderá ser a direita ou a esquerda. Portanto, como disse Harvey Jordan, professor da Universidade da Virgínia, em 1922, sobre a prática de impor a destralidade:

Aqui está o crime contra o canhoto: quando uma criança em casa ou na escola mostra uma tendência decidida a usar a mão esquerda em preferência à direita, geralmente é feito um esforço persistente para forçar essa criança a usar a mão direita [...]. Muitos casos de gagueira em crianças são, sem dúvida, o resultado de forçar indivíduos canhotos a serem destros.[8]

Nessa mesma época, dois pesquisadores americanos da Universidade de Iowa, Samuel Orton, chefe do Departamento de Psiquiatria, e Lee Travis, diretor da Clínica da Fala, publicaram artigos atribuindo a falta de dominância cerebral definida entre as causas da gagueira, como ocorre nos nascidos ambidestros e naqueles que foram forçados a escrever com a mão direita. A dominância de hemisfério cerebral é determinada geneticamente, e a interferência forçada poderia trazer distúrbios no desenvolvimento da linguagem. Em 1935, Travis sugeriu que a maneira de tratar esses pacientes seria restabelecer a dominância original, para que apenas um hemisfério comandasse a fala, tendo publicado relatos de inúmeros casos de cura pela volta do treinamento da escrita com a mão esquerda. Ainda que o grupo de Iowa enfatizasse que havia outras causas para a gagueira, observou que 50% dos casos em tratamento eram de canhotos que tinham sido transformados em destros.

Com a melhor compreensão dos fatos, as crianças canhotas foram, progressivamente, deixando de ser discriminadas, o que parece coincidir com a diminuição de gagos na população, de acordo com algumas pesquisas. Por um período, a teoria do conflito de dominância cerebral entrou em declínio, e os estudos voltaram-se para a genética e a bioquímica. Trabalhos recentes, entretanto, voltam a referir que crianças ambidestras, sem dominância hemisférica bem definida, apresentam gagueira com maior frequência. Seja qual for a causa, o problema afeta o cérebro em seu planejamento motor da fala automática, e a gagueira, portanto, desaparece na leitura em voz alta, no canto ou em encenação teatral. Ela também é acompanhada de outras disfunções motoras durante o esforço de falar, como piscar de olhos, abalos da cabeça, franzimento da testa, expiração súbita, rubor e sudorese.

O príncipe Albert da Inglaterra, duque de York e futuro rei Jorge VI, era canhoto e fora forçado, quando criança, a escrever com a mão direita. Desenvolveu gagueira a partir dos sete anos de idade, segundo reporta seu biógrafo Wheeler-Bennett, que relaciona os dois fatos. A gagueira é constrangedora e incapacitante socialmente, dificultando relações pessoais e obtenção de emprego, e muitas vezes é motivo de bullying. Jorge VI foi um grande líder, tendo conduzido seu país com muita coragem durante a Segunda Guerra Mundial, e ainda assim é lembrado até hoje como o rei gago. Sua dificuldade e seu tratamento inspiraram livro e filme, ambos com mesmo nome, *O discurso do rei*.

3. O mapa do cérebro

Quando olhamos um cérebro, observamos que, como uma fruta, ele tem duas cores. A camada cinza e ondulada que o envolve é chamada de córtex cerebral e formada pelos neurônios; o recheio de consistência gelatinosa é formado pelos prolongamentos desses neurônios, revestidos de mielina, que lhes confere a cor branca e equivale à capa de um fio elétrico — por isso, sem ela não há transmissão de sinais. As conexões entre as várias áreas do córtex cerebral são feitas pelos axônios, que são os prolongamentos de cada neurônio e transmitem as ordens neuronais adiante. As primeiras tentativas de mapear o cérebro datam do século XVIII.

Um dos primeiros cientistas a atribuir aos lobos frontais as funções cognitivas humanas foi o austríaco Franz Joseph Gall, que mostrou a existência das conexões entre as várias áreas corticais e as considerou a base das atividades mentais. Gall foi ainda mais longe ao concluir que, pelo fato de os lobos frontais dos cachorros e macacos serem menores que os dos homens, as funções cognitivas mais elevadas deveriam estar nessa região.

Curiosamente, apesar de as funções cerebrais não serem conhecidas pelos gregos antigos, eles já enfatizavam a importância dos lobos frontais, retratando, com frequência, seus deuses e semideuses com bossas frontais salientes.

Franz Gall terminou por desenvolver uma teoria chamada frenologia, palavra que vem do grego *phrēn* (cérebro) e *logos* (conhecimento). Baseava-se no princípio de que o cérebro era formado por áreas ou órgãos com funções específicas, que poderiam ser identificadas externamente por bossas, isto é, saliências e reentrâncias ósseas cranianas palpáveis. Isso possibilitaria a especialistas caracterizar a personalidade, as qualidades e as habilidades de um indivíduo pela simples palpação do crânio. Mal comparando, seria como a leitura das linhas da palma das mãos.

Gall considerava que o crânio moldava o cérebro, e para metodizar seu sistema dividiu a caixa óssea em 27 compartimentos, cada um devendo receber um órgão com atividade própria que, no conjunto, formariam o cérebro. Assim, o órgão do temperamento estaria localizado pouco acima da raiz do nariz; o órgão do conhecimento das cores, na parte média do supercílio; o do talento musical, sobre o terço interno da arcada orbitária, e assim por diante. Não havia nenhuma base científica para essa teoria, mas, apesar de ter sido rejeitada pelo mundo acadêmico, ela se popularizou na Europa e nos Estados Unidos.

A intuição de Gall não estava de todo errada, e a evolução dos estudos mostrou que o cérebro, realmente, tinha áreas de maior especialização, mas não tão independentes como ele imaginara, nem possíveis de serem identificadas pela palpação das bossas do crânio. Apesar de considerada uma pseudociência, a frenologia teve grande influência em várias áreas culturais e científicas, e repercute ainda hoje. Muitos a consideram o início da neurociência, tendo estimulado pesquisas que resultaram no mapeamento cerebral.

Até na literatura o sistema de Gall foi evocado. O escritor francês Honoré de Balzac, que era interessado em medicina e ciências, descreveu em seu livro *O pai Goriot* um personagem médico, dr. Bianchon, como tendo uma grande fronte arredondada e sendo um estudioso da frenologia. O dr. Bianchon examinava as bossas do crânio de seus pacientes, tentando identificar traços de caráter de acordo com suas características frenológicas. Apesar de citar a frenologia repetidas vezes, Balzac o fazia com certa ironia. No entanto, as bossas viraram carimbo de excelência, e quando queremos exaltar o dom de uma pessoa dizemos que ela tem "bossa para esporte", "bossa para política" ou, na música, falamos até de uma "bossa nova".

Numa época dominada pelo pensamento católico, Gall também ousou afirmar que o espírito encontrava-se no cérebro. A ideia de localização da alma dentro de um órgão abriu caminho para o surgimento da psiquiatria moderna.

Os especialistas em frenologia tornaram-se figuras populares nos Estados Unidos no século XIX. Os mais famosos da especialidade foram os irmãos Lorenzo e Orson Fowler. Lorenzo estabeleceu-se em Nova York, em 1836, e Orson na Filadélfia, em 1838. Ambos contribuíram para a divulgação do método, o que os enriqueceu enormemente. Criaram publicações sobre o assunto, como o *American Phrenological Journal*, e sociedades especializadas, inclusive na Inglaterra, como a British Phrenological Association, que espantosamente sobreviveu até 1967.

Samuel Clemens, mais conhecido pelo pseudônimo de Mark Twain, um dos maiores escritores e humoristas americanos do século XIX, relata em sua autobiografia duas consultas que fez com Orson Fowler, na Filadélfia, num intervalo de meses, uma com nome falso e a outra como ele mesmo. Na primeira avaliação foi considerado um homem de muita coragem, mas sem nenhum humor, e, na segunda, exatamente o contrário. Twain contou o episódio, por carta, a um amigo inglês adepto do método. Mas, para sua surpresa, o homem vendeu o relato aos jornais, tornando pública a sua história.

Nessa época, havia uma acirrada disputa entre dois importantes grupos acadêmicos sobre as funções cerebrais. Um acreditava que elas eram resultado da integração global do cérebro e outro, influenciado pela frenologia, apostava que todo o funcionamento cerebral teria localização precisa. Em meio ao debate, um fato marcante trouxe importantes revelações sobre os lobos frontais e reforçou a tese de que havia áreas cerebrais com funções específicas.

Em setembro de 1848, na Nova Inglaterra, Estados Unidos, um jovem de 25 anos chamado Phineas Gage trabalhava na construção de uma ferrovia quando uma explosão fez com que uma barra de ferro, de um metro de comprimento e três centímetros de espessura, atravessasse seu crânio, de baixo para cima e da esquerda para direita, na região frontal. Após alguns minutos de inconsciência, ele se recuperou com aparente normalidade, chegando a retomar suas atividades logo que as feridas cicatrizaram. Entretanto, não demorou a ser demitido, porque já não era mais o mesmo. Tornara-se incapaz de tomar decisões adequadas, ainda que parecesse estar bem. Ele foi se transformando progressivamente, tornando-se irreverente e por vezes impaciente quando contrariado, perdendo a autocensura e utilizando linguagem de baixo calão, o que não era de seu feitio. Nunca mais conseguiu fixar-se num emprego, desenvolveu epilepsia e veio a falecer em 1861, aos 38 anos, em San Francisco.

O caso de Phineas Gage foi alvo de grande curiosidade na época. Seu médico, John Harlow, descreveu sua história e as transformações comportamentais por que passara em uma carta ao *New England Journal of Medicine*, datada de dezembro de 1848.

Até então, os lobos frontais ainda não haviam sido relacionados ao comportamento de maneira incontestável.

Anos depois, o corpo de Phineas foi exumado e seu crânio, juntamente com a haste que o perfurou, foram doados e expostos no Warren Medical Museum of the Harvard Medical School, em Boston, onde se encontram até hoje. O caso de Phineas tornou-se emblemático no estudo do funcionamento cerebral e estimulou uma corrida científica pelo mapeamento da área.

Curiosamente, Edgar Allan Poe, outro monstro sagrado da literatura americana do século XIX, descreve com perfeição a síndrome do lobo frontal em "O homem de negócios", oito anos antes do acidente de Phineas Gage. O protagonista de seu conto, publicado em 1840, descreve um acidente que sofreu na infância, quando sua babá irlandesa o pegou pelos calcanhares e o rodopiou por duas vezes para, finalmente, bater com sua cabeça contra o pedestal de uma cama, punição por estar fazendo muita arruaça, o que resultou de imediato numa grande mossa em sua testa. O acidente, segundo o personagem, definiu seu destino e sua sorte. A partir daí, Poe descreve minuciosamente as alterações do comportamento de seu personagem, típicas da síndrome do lobo frontal, até então desconhecida pela ciência: obsessão por ordem e organização, indiferença afetiva e convivência social dificultada (o protagonista do conto foi demitido de oito empregos). Provavelmente Poe retratou alguém que conheceu na vida real e fez uma perfeita associação da mudança de personalidade do amigo com o trauma craniano sofrido na região frontal.

Em 1861, Paul Broca, professor de patologia da Universidade de Paris, reforçou a teoria da especialização de áreas cerebrais ao

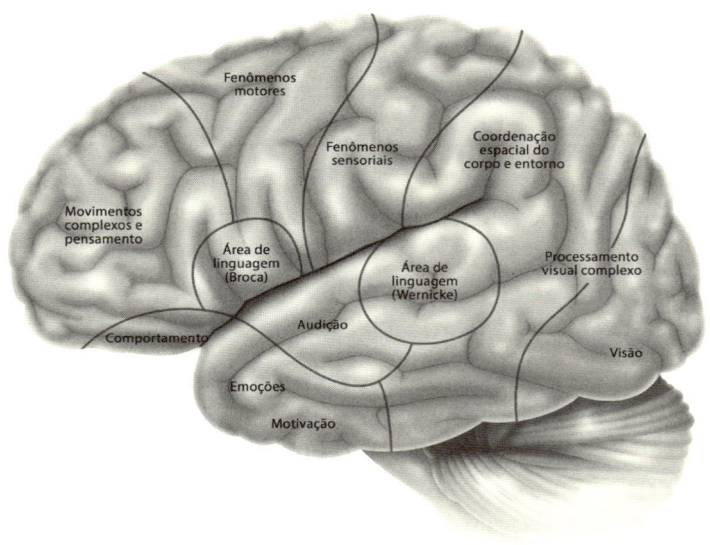

Localizações cerebrais.

descrever os achados da necrópsia de um paciente que sofrera um acidente vascular cerebral e não conseguia mais falar, ainda que entendesse tudo o que se passava e o que lhe era dito. Broca observou que havia uma lesão na terceira circunvolução do lobo frontal esquerdo, isto é, uma lesão localizada na terceira ondulação cerebral. Esse tipo de disfunção neurológica passou a chamar "afasia motora", ou "afasia de Broca", e a região afetada de "área de Broca". O fato deixou clara a existência de alguma especialização nas áreas da fala e da compreensão, e uma predominância da linguagem no hemisfério esquerdo.

Inúmeras pesquisas em animais e estudos de necrópsias oriundos de pacientes acompanhados em vida levaram progressivamente ao mapeamento das chamadas "áreas eloquentes do cérebro", que são aquelas que têm uma função preferencial, como motora, visual, sensitiva.

Os lobos frontais, entretanto, continuaram como a mais misteriosa região do cérebro e, até hoje, estamos longe de seu completo conhecimento. Suas lesões mais frequentes e preocupantes são as traumáticas, por serem, em geral, difusas e bilaterais, envolvendo assim extensas áreas da região, que resultam em sequelas incapacitantes. Como no caso de Phineas Gage, relatado anteriormente.

No primeiro momento, esses pacientes parecem bem, mas logo começam a mostrar mudanças de comportamento, com menos censura na linguagem, dificuldades com a memória recente, impossibilidade de prever as consequências de suas atitudes e, por isso, de tomar decisões adequadas à sua sobrevivência. Esses distúrbios só passaram a ser vistos com frequência após o advento das Unidades de Terapia Intensiva, as modernas UTIs, que permitiram salvar a vida dessas pessoas gravemente lesionadas.

Lembro-me de um caso que marcou o início de minha carreira envolvendo um general, por volta dos sessenta anos, que sofrera acidente automobilístico havia dois meses e, por consequência, ficara em coma por várias semanas. Fui chamado para vê-lo já em casa, acamado, de fralda, alimentando-se por sonda nasogástrica, completamente confuso, verbalizando apenas algumas palavras sem nexo. O general já havia passado por vários médicos e, aparentemente, não havia muito a ser feito. Mas, ao examinar sua tomografia computadorizada, suspeitei de uma moderada hidrocefalia. A tomografia era então um exame relativamente novo, e poucos estavam habituados a interpretá-la. Diante do possível achado, sugeri a colocação de uma válvula para drenar o excesso de líquido que dilatava as cavidades cerebrais. Sem alternativas, a família aceitou e assim foi feito. O paciente foi internado e operado, voltando para casa dois dias depois sem nenhuma melhora.

Após algumas semanas, o general veio ao meu consultório para uma revisão e, surpreendentemente, chegou andando, de terno, alinhadíssimo e conversando muito bem. Foi um dos dias mais felizes da minha vida profissional. Com poucos anos de formado, eu não conseguia conter meu entusiasmo pelo acerto da decisão, depois da imensa responsabilidade que assumira ao operá-lo. Neurocirurgia, era essa a especialidade que me encantava: diagnósticos desafiadores, tratamentos objetivos, resultados rápidos e, às vezes, espetaculares.

Passados alguns meses, recebi um telefonema da mulher do general: "Dr. Paulo, precisamos retirar a válvula".

Naquele momento, meu mundo caiu e terminou minha lua de mel com a neurocirurgia. A especialidade era mais complicada do que parecia. O general, que sempre fora um homem rígido, correto e disciplinado, passara a gastar o que não tinha. Emitia cheques sem fundos, construíra uma piscina olímpica em casa apesar de não saber nadar e cometera várias outras extravagâncias semelhantes. Esse é um exemplo típico de lesão dos lobos frontais, especialmente dos circuitos dorso-laterais pré-frontais, com perda de funções executivas, e dos circuitos órbito-frontais, com mudanças de comportamento. O general perdera a capacidade de planejar e de escolher as medidas adequadas, tornando-se incapaz de antever e julgar o resultado de suas decisões.

Repensando o caso, concluí que ele sofrera uma lesão difusa dos lobos frontais pelo trauma no momento do acidente. Como estava em coma, na UTI, nada se observara. Paralelamente, desenvolvera uma hidrocefalia, que é uma dilatação das cavidades cerebrais, decorrente da dificuldade de circulação do líquido cefalorraquidiano, comum nesses casos. Passado o coma, a hidrocefalia impediu que o general acordasse plenamente, permanecendo torporoso, confuso, acamado e com incontinência urinária. Quando a hidrocefalia foi tratada, ele despertou e a mudança de personalidade aflorou.

Resisti à retirada da válvula e inúmeras conferências médicas foram realizadas com colegas mais experientes no Brasil e no exterior. Poucos anos depois, a válvula obstruiu, espontaneamente, e a família não autorizou a troca. A partir daí, passei a vê-lo, de forma esporádica. Ele tinha se tornado apático e dependente.

Muito se fala, atualmente, da plasticidade neuronal. Há alguns anos, acreditava-se que a população de neurônios do cérebro fosse fixa desde o nascimento do indivíduo, e que quando lesado, um neurônio perderia em definitivo suas funções.

Hoje, sabemos que dispomos de células-tronco no cérebro que produzem neurônios no decorrer da vida e que o cérebro é um órgão dinâmico, capaz de se adaptar aos estímulos, criando outros circuitos e permitindo o desenvolvimento de novas habilidades. A esse fenômeno de adaptação chamamos de "plasticidade neuronal".

Na juventude, o aprendizado é mais fácil, pois o cérebro está em plena fase de desenvolvimento e de adaptação, ao contrário da velhice, quando a população neuronal já se encontra diminuída e com maior dificuldade para produzir novas conexões.

Atribui-se à plasticidade neuronal a capacidade de recuperação de algumas funções cerebrais perdidas. Com frequência, vemos pacientes acidentados saírem do coma com graves dificuldades de linguagem e memória para alguns meses depois estarem praticamente normais. Os neurônios perdidos não se recuperam, mas outros podem ser produzidos diante da necessidade, e os vizinhos também podem se adaptar a novas funções.

A plasticidade biológica sempre foi vista como um fenômeno positivo, favorável, restaurador. A filósofa francesa Catherine Malabou, professora do Center for Research in Modern European Philosophy, na Universidade de Kingston, Inglaterra, criou o termo "plasticidade destrutiva". Em seus livros *Ontologie de l'accident: Essai sur la plasticité destructrice, que faire de notre cerveau* e *Métamorphoses de l'intelligence*, ela tenta uma aproximação entre a filosofia e a ciência, pondo em questão os limites entre o simbólico e o biológico, o sujeito e o cérebro. Malabou teoriza:

> Com o tempo, a gente se torna finalmente aquilo que é, a gente só se torna aquilo que é. [...] Essa deriva existencial e biológica progressiva, que não faz mais do que transformar o sujeito em si mesmo. [...] Em consequência de graves traumatismos, às vezes mesmo por um nada, o caminho se bifurca e um personagem novo, sem precedente, coabita com o antigo e acaba tomando seu lugar. Um personagem irreconhecível, cujo presente não provém de nenhum passado, cujo futuro não tem porvir, uma improvisação existencial absoluta. Uma forma nascida do acidente, nascida por acidente, uma espécie de acidente. Uma estranha raça. Um monstro cuja aparição nenhuma anomalia genética permite explicar. Um ser novo vem ao mundo uma segunda vez, vindo de uma vala profunda aberta na biografia.[1]

Eram os casos de Phineas Gage e do nosso general.

4. A psicocirurgia

Em 1935, dois pesquisadores da Universidade Yale apresentaram no Congresso Mundial de Neurologia, em Londres, a experiência de secção dos lobos frontais em dois chimpanzés. Ambos, Becky e Lucy, foram submetidos à lobotomia durante pesquisa de funções da memória e aprendizado. Esses chimpanzés, que haviam se tornado agressivos pelo encarceramento, passaram a ignorar as provocações, tornando-se apáticos, calmos, com mudanças evidentes de comportamento.

António Egas Moniz, neurologista português presente no Congresso, impressionou-se com os efeitos da cirurgia, especialmente pelo inesperado resultado de acalmar os macacos, pois nessa época ainda não existiam os psicotrópicos e os manicômios estavam lotados de pacientes sem esperança de tratamento.

Após seis meses, em 12 de novembro de 1935, Egas Moniz, com o neurocirurgião Almeida Lima, realizou no Hospital Santa Marta, em Lisboa, a primeira lobotomia frontal em humanos. Surgia a psicocirurgia.

Quatro meses depois, Moniz apresentou na Academia de Medicina Francesa outros vinte casos de lobotomia, sem qualquer avaliação mais prolongada de suas consequências. Sua divulgação fez com que a lobotomia se popularizasse com extrema rapidez, e as famílias dessa enorme população de doentes mentais desassistidos correram à procura do novo tratamento. O desespero equivale, nos dias de hoje, ao dos pacientes com câncer, que depositam todas suas esperanças em remédios e tratamentos alternativos divulgados pela imprensa leiga, sem nenhum estudo de risco ou comprovação de eficácia.

A aventura científica de Egas Moniz foi aceita rapidamente, sem questionamentos, devido à sua enorme reputação pessoal e acadêmica. Ele havia interrompido a carreira médica para se dedicar à política, tendo sido membro do Parlamento português e delegado do governo de seu país na Conferência Internacional de Paz, em Paris, após a Primeira Guerra Mundial. Desiludido com a política, retomou suas atividades acadêmicas como chefe do Departamento de Neurologia e diretor da Faculdade de Medicina da Universidade de Lisboa. Nesse retorno, descreveu a angiografia cerebral, em 1927, quando injetou contraste nas artérias do cérebro de um paciente e o radiografou a seguir. Pela primeira vez, havia um exame que possibilitava a visualização da circulação cerebral. As artérias e veias do cérebro passaram a ser estudadas, abrindo um novo capítulo na neurologia. Insubstituível no diagnóstico das doenças vasculares cerebrais, a descoberta da angiografia o levou a ser indicado ao prêmio Nobel de Medicina, sem sucesso. Finalmente, em 1949, foi indicado de novo e acabou recebendo essa honrosa premiação pela cirurgia da lobotomia frontal. A ironia é que a angiografia abriu um novo mundo na neurologia e é insubstituível até hoje, enquanto a lobotomia foi abandonada.

A necessidade de resolver a superlotação dos manicômios e o enorme desejo das famílias dos pacientes por um tratamento tornaram a lobotomia um procedimento corrente nos hospitais em todo o mundo. Estima-se que, até 1949, 10 mil lobotomias já haviam sido realizadas nos Estados Unidos e mais outras 10 mil na Inglaterra, esvaziando os custosos hospitais.

Nos Estados Unidos, o grande impulso foi dado pelo neuropsiquiatra Walter Freeman, do Departamento de Neurologia da Universidade Georgetown, que aperfeiçoou os instrumentos cirúrgicos, a localização e a extensão das lesões a serem feitas, que variavam com o quadro clínico. Pacientes com "distúrbios afetivos psiconeuróticos" eram submetidos à chamada lobotomia mínima, em que eram realizadas pequenas lesões nas regiões anteriores dos lobos frontais. Já nos esquizofrênicos, fazia-se a chamada lobotomia radical, provocando lesões maiores nas regiões posteriores dos lobos frontais.

Em 1942, para surpresa do meio médico, W. Freeman e James W. Watts, seu companheiro neurocirurgião, publicaram avaliação de seus resultados cirúrgicos, reconhecendo que o tratamento não era um procedimento benigno e que os pacientes, com frequência, desenvolviam epilepsia, apatia, confusão mental, desatenção e incapacidade de manter comportamento social adequado, o que definiram como síndrome do lobo frontal.

Além disso, os que criticavam a lobotomia levantaram questões éticas. Primeiro por ser um procedimento radical, que causava mudanças irreversíveis no comportamento do paciente, agravado pelo risco de um diagnóstico subjetivo e impreciso, já que o conceito de insanidade não é rígido, abrindo também a possibilidade de sua utilização por motivação político-ideológica num mundo dividido pela Guerra Fria.

Nessa época, pessoas conhecidas, como Rosemary Kennedy, irmã do presidente John F. Kennedy, e Rose Williams, irmã do escritor Tennessee Williams, foram lobotomizadas. Com peque-

48

nas variações na técnica, eram englobados no mesmo tratamento pacientes com esquizofrenia, distúrbios de ansiedade, depressão e aqueles com dores causadas por doenças malignas em estado avançado. Estes faziam a lobotomia para aliviar seu sofrimento, que é um fenômeno dependente do estado psíquico de cada um. Então, se o componente emocional era anulado pela cirurgia, a dor podia até persistir, mas sem sofrimento.

Egas Moniz foi o primeiro neurologista a receber o prêmio Nobel de Medicina, pela revolução que causou na psiquiatria. Seu trabalho sobre leucotomia pré-frontal foi considerado pelo comitê sueco uma das mais importantes descobertas já feitas em terapia psiquiátrica.

Essa cirurgia também foi muito utilizada no Brasil, mas nunca cheguei a realizá-la, pois quando terminei meu curso médico os psicotrópicos já haviam conquistado o mundo e o procedimento encontrava-se em declínio. Tive a oportunidade, entretanto, de conversar com a família de um paciente que fora lobotomizado para tratamento de depressão, pois não respondia à medicação. Ele tinha sido submetido à lobotomia unilateral, à direita, e após alguns anos sua filha continuava muito satisfeita com o resultado da cirurgia, pois o pai abandonara a medicação psicotrópica e passara a ter uma vida social. A única mudança que ela percebia era a falta de compromisso com horários.

Lembro-me de outro paciente lobotomizado que vi pessoal-mente. Era fácil perceber as marcas do procedimento, pelas duas depressões no couro cabeludo, decorrentes das trepanações fron-tais. Ele estava acompanhado de sua mulher e fazia uma consulta médica de rotina. Antes da lobotomia, tinha surtos de agressivida-de e violência, e havia tirado a vida de um parente. Desde então, vivera internado em hospital psiquiátrico, muitas vezes sedado e amarrado ao leito. Após a cirurgia, foi ressocializado, dentro de seus limites, passando a trabalhar no comércio como balconista, tendo até casado e constituído família.

Não posso afirmar que as histórias tenham sido assim, mas era como as famílias contavam, e como parecia ser.

Esses dois casos, aparentemente satisfatórios, não representavam, como vimos, os resultados gerais já publicados, que revelavam inúmeros insucessos, expondo a falta de critérios na seleção dos pacientes e a banalização do procedimento.

O próprio Freeman, que tanto trabalhou para divulgar a lobotomia, foi um dos responsáveis pela reação negativa à cirurgia no meio médico. Simplificou a técnica, ao utilizar um instrumento semelhante a um furador de gelo, que introduzia no crânio através da órbita, por cima do olho, e, em poucos minutos, com movimentos laterais, seccionava as conexões do lobo pré-frontal, isolando-o do restante do cérebro. Sem anestesia, sem esterilização e sem a presença de um neurocirurgião, abriu caminho para que outros clínicos fizessem o mesmo. Nas décadas de 1940 e 1950, Freeman saiu em caravana pelos Estados Unidos, operando inúmeros pacientes em pequenas clínicas do interior, sem critérios rígidos de seleção e com incontáveis complicações e mortes eventuais. Era o início do fim.

Em 1954, o Food and Drug Administration (FDA) [Administração de Comidas e Remédios], órgão do governo americano, anunciou a liberação da primeira droga antipsicótica, chamada Clorpromazina, que, além de sedar, diminuía as crises psicóticas. Walter Freeman reagiu ao novo tratamento, chamando-o de lobotomia química. Calcula-se que, naquele mesmo ano, 2 milhões de pacientes foram medicados com Clorpromazina nos Estados Unidos, o que estimulou a indústria farmacêutica a pesquisar novas drogas. A partir daí, a psicocirurgia caiu em desuso e passou a sofrer questionamentos éticos severos, pois já não era mais a única opção.

Em 1974, foi criada, nos Estados Unidos, a National Commission for the Protection of Human Subjects of Biomedical and Behavioral Research [Comissão Nacional para a Proteção de Seres Humanos da Pesquisa Biomédica e Comportamental], que determinou que o paciente internado não tinha competência para autorizar sua própria psicocirurgia e impôs uma série de restrições de conduta médica, contraindicando, por exemplo, a cirurgia em crianças.

Nessa época, as autorizações para cirurgias não eram obrigatórias nem formais como hoje, escritas e assinadas pelos pacientes ou responsáveis. Muitos doentes eram abandonados pelas famílias nos manicômios, cabendo aos médicos as decisões sobre tratamentos que julgassem mais adequados.

Nos anos 1970, o emblemático filme *Um estranho no ninho*, dirigido por Milos Forman e protagonziado magistralmente por Jack Nicholson fez enorme sucesso. Tratava do drama de um paciente submetido indevidamente e sem autorização à lobotomia e de seu resultado devastador. A repercussão da obra, vencedora de vários prêmios, consolidou na opinião pública o repúdio ao procedimento.

A dificuldade em definir insanidade me lembra do conto "O alienista", de Machado de Assis. Seu protagonista é o psiquiatra Simão Bacamarte, recém-chegado da Europa. Com muita autoridade por conta dos seus estudos por lá, acaba encarcerando no manicômio praticamente toda a população da vila de Itaguaí, onde mora. Seus princípios científicos baseavam-se na máxima: "A razão é o perfeito equilíbrio de todas as faculdades; fora daí insânia, insânia, e só insânia".[1] Com o tempo, dr. Bacamarte fez as contas, concluiu que os "desajustados" formavam a grande maioria da população e soltou todos.

Modernamente, o compositor Caetano Veloso popularizou uma frase que resume a conclusão de "O alienista", ao afirmar que "de perto ninguém é normal". Felizmente, o dr. Bacamarte não foi treinado para fazer lobotomia, pois o procedimento, uma vez realizado, não tem mais volta. A psicocirurgia, entretanto, nunca desapareceu. A técnica inicial da lobotomia foi abandonada, mas novos procedimentos, com maior embasamento científico, foram desenvolvidos. Apesar de todo o progresso medicamentoso, alguns casos ainda merecem discussão. Por exemplo: como o profissional deve orientar uma mãe que o procura na esperança de uma solução médica para seu filho, um homem de 25 anos, esquizofrênico e violento, que se recusa a tomar medicação e que, com frequência, a agride com faca, jurando que vai matá-la? Como muitos outros doentes já efetivaram suas promessas, qual seria sua conduta? Ignorar as ameaças e recomendar paciência ou sugerir um neurocirurgião especializado em psicocirurgia?

A resposta está no julgamento de cada um. Ambas as opções podem estar corretas.

Casos como esse já passaram pelo meu consultório e são uma realidade em muitas famílias, que ficam devastadas. Só pode dimensionar o drama quem ouve o desespero de uma mãe pedindo solução cirúrgica definitiva para a doença de seu filho.

5. Os neurônios-espelho e o aprendizado

A descoberta dos neurônios-espelho, em 1995, por um grupo de neurobiologistas italianos, chefiados por Giacomo Rizzolatti, da Universidade de Parma, trouxe mais luz à tentativa de entender o que se passa na esquizofrenia e no autismo. Esse estudo mudou a compreensão do funcionamento cerebral, seus mecanismos de aprendizado, da autopercepção e da percepção do outro, da empatia e do relacionamento social.

Rizzolatti identificou uma rede de neurônios, concentrada na região frontal esquerda e conectada a diferentes áreas do cérebro, que se ativa quando executamos uma tarefa e quando vemos alguém executar a mesma ação ou outra qualquer. Por exemplo, quando alguém abre uma porta, nossos neurônios--espelho simulam a ação que está sendo vista, como se estivesse sendo realizada por nós. Quando vemos alguém rindo, temos uma tendência a sorrir e imediatamente associamos esse riso à sensação de alegria do outro.

Podemos identificar as emoções alheias pela ativação dos nossos neurônios-espelho, que ao simularem aquelas ações a que assistimos despertam em nós as mesmas emoções. Quando vemos um bocejo, também temos o desejo de bocejar. Assim acontece com o choro, ao assistirmos a cenas tristes no cinema. Mas nem sempre é preciso o estímulo visual para ativar esses neurônios. O som característico de uma ação terá o mesmo efeito que ela, como o barulho do chuveiro, que nos remete imediatamente a um banho. A simples imaginação de realizar determinada ação já é suficiente para ativar essa rede.

Nos macacos, a atividade elétrica desses neurônios foi identificada por registro com eletrodos, e em humanos, pelo eletroencefalograma e pela ressonância magnética funcional. Como veremos no capítulo sobre comas, pesquisadores belgas mostraram que a ressonância pode identificar pacientes com mínimo estado de consciência dentre aqueles diagnosticados em estado vegetativo. Impossibilitados de se mexerem ou emitirem sons, estão trancafiados em si mesmos, mas durante o exame seus neurônios se acendem quando solicitados a executar uma tarefa simples, permitindo até mesmo uma comunicação por intermédio da máquina.

Esse espelhamento tem grande importância nas relações pessoais e sociais, por permitir entender e prever o que pensa e o que fará o outro, colocando-nos em seu lugar, entendendo suas ações, auxiliando as tomadas de decisão. Essa capacidade de se colocar no lugar do outro, é chamada de "teoria da mente".

Os neurônios-espelho também são fundamentais no aprendizado. Os bebês imitam as expressões faciais dos adultos e, mais à frente, aprenderão por mimetismo a caminhar, correr, dançar, se vestir, e até mesmo ações mais sofisticadas.

Nos macacos, a maior concentração de neurônios-espelho fica numa área identificada como F5, no lobo frontal esquerdo, que nos humanos corresponde à área de Broca, trazendo grande especulação quanto à possível participação dessa estrutura no desenvolvimento da linguagem do *Homo sapiens*.

Acredita-se que os distúrbios do desenvolvimento observados em crianças no espectro autista resultem também em anomalias, de intensidade variável, na rede de neurônios-espelho. Isso explicaria a dificuldade de interagirem, se expressarem e perceberem os sentimentos alheios.

A descoberta dessa rede neuronal forma uma base anatômica para explicação de vários processos psíquicos, como a interpretação de metáforas, a representação mental do eu e do outro, a força do olhar e do desejo do outro.

Num belo texto, atribuído a Pablo Neruda: "Se sou amado, quanto mais amado mais correspondo ao amor. Se sou esquecido, devo esquecer também, pois o amor é feito espelho, tem que ter reflexo".

6. Os movimentos involuntários

Há anos, numa fila do aeroporto Santos Dumont, no Rio de Janeiro, um senhor à minha frente contraía a face direita de maneira intermitente, aparentemente incontrolável, sendo impossível não reparar. A cada surto de contrações, fechava o olho, repuxava a face e o pescoço, apenas do lado direito. De imediato reconheci que se tratava de um espasmo hemifacial, distúrbio neurológico muitas vezes confundido com tique nervoso.

Naquela época, era praticamente desconhecida a causa desses espasmos, e acreditava-se que não havia tratamento satisfatório. Porém, em visita que fizera à Universidade de Pittsburg pouco tempo antes, eu havia tomado conhecimento de uma nova técnica cirúrgica para esses casos, e comecei a utilizá-la com grande sucesso no hospital da Santa Casa da Misericórdia do Rio de Janeiro.

A fila do aeroporto não andava, os espasmos faciais não cessavam, e eu já estava inquieto para dizer ao paciente que seu problema tinha solução. Não resisti e, finalmente, o abordei:

"Desculpa incomodar, mas sou médico e queria lhe dizer que o problema do senhor se chama espasmo hemifacial, e que já existe tratamento para isso. Recomendo que procure um neurocirurgião, pois a solução é cirúrgica."

O passageiro, calmamente, me disse:

"Obrigado, já tive essa recomendação, vou procurar o dr. Paulo Niemeyer."

Calei-me diante da resposta, com vontade de rir da coincidência.

Passaram-se dez anos, já não me lembrava mais da história quando entrou em meu consultório um paciente com espasmo hemifacial.

"Doutor, lembra de mim?"

"Não", respondi.

"Sou aquela pessoa da fila da ponte aérea."

Ao longo dos anos, ele certamente me identificou. Contou-me que rodou o mundo atrás de uma solução, mas que as opiniões eram muito controversas, sempre com restrições à cirurgia, já que no meio médico ainda havia desconhecimento da técnica. Ele agora viera disposto a operar. Assim o fiz, e ele ficou curado.

Os movimentos involuntários não são doenças mortais, mas são socialmente incapacitantes. Como pode uma pessoa lidar com o público contraindo a face e o pescoço, sem cessar, fechando o olho a cada contração?

Mulheres com esse problema chegam ao consultório usando grandes óculos escuros, queixando-se de serem mal interpretadas pelos homens, pois não param de piscar...

Esses espasmos são causados pela compressão do nervo facial por artérias normais do indivíduo que, com a idade, tornam-se tortuosas, alongadas, e acabam por afetar o nervo em sua origem intracraniana, no tronco cerebral.

Quando a compressão se dá num nervo com funções motoras, ocasiona movimentos involuntários. Quando ocorre num nervo

57

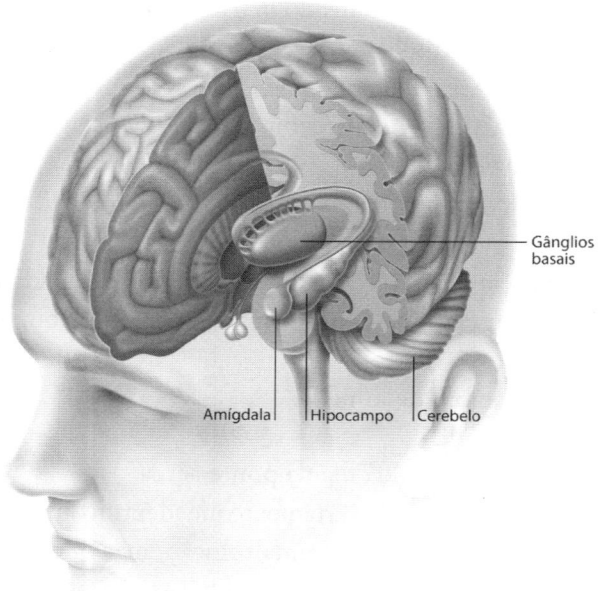

Gânglios basais

Amígdala | Hipocampo | Cerebelo

sensitivo, como o trigêmeo, provoca na face aquela que dizem ser a pior dor já experimentada pelo homem, conhecida como nevralgia do trigêmeo.

Existem, portanto, inúmeros tipos de movimentos involuntários, e por diferentes causas. O mais comum e conhecido é o tremor parkinsoniano, hoje bem controlado por medicação ou cirurgia na maioria dos casos. Há alguns anos, não havia tratamento, desconhecia-se seu mecanismo e quais as estruturas cerebrais responsáveis por ele. As tentativas cirúrgicas eram feitas em diferentes regiões do cérebro, removendo-se áreas do córtex motor ou seccionando vias motoras intracranianas e medulares, sempre com resultados insatisfatórios e, muitas vezes, com perda de movimentos como sequelas.

Em 1953, Irving Cooper, neurocirurgião nova-iorquino, ao operar um paciente parkinsoniano, planejando seccionar de modo parcial sua via motora no tronco cerebral, inadvertidamente rompeu uma pequena artéria chamada coroideia anterior. O procedimento foi interrompido pela preocupação com as possíveis consequências do acidente. Para surpresa de todos, o paciente acordou bem e curado do tremor. A artéria lesada nutre uma região chamada de "núcleos estriados da base do cérebro", cuja função é modular e harmonizar os movimentos através do equilíbrio de dois neurotransmissores, dopamina e acetilcolina. A ruptura dessa artéria provocou a isquemia da porção desse núcleo que se encontrava hiperativa pela falta da dopamina, restabelecendo o equilíbrio e resultando no desaparecimento do tremor.

O acidente revelou a região do cérebro responsável pelos tremores e por outros movimentos involuntários, decorrentes de distúrbios bioquímicos ou alterações genéticas. Diante do achado, Cooper propôs o fechamento programado dessa artéria como nova técnica para o tratamento do tremor parkinsoniano, até então sem solução.

Reza a lenda que, nesse período de grande prestígio pela descoberta, Cooper teria sido convidado pelo ditador argentino Juan Domingo Perón a passar um período em Buenos Aires, demonstrando a nova técnica cirúrgica. O que não se esperava era que um grande número de pacientes operados viesse a ficar hemiplégico, ou seja, com um lado paralisado. Entendeu-se, então, que existiam variações anatômicas e que essa pequena artéria não nutria apenas os núcleos estriados, mas também o tronco cerebral, em 25% dos casos. Diante dos inesperados resultados insatisfatórios, Perón teria antecipado a volta de Cooper.

Histórias à parte, esse fato redirecionou as pesquisas e o tratamento clínico e cirúrgico dos movimentos involuntários.

Desde então, todos os procedimentos passaram a ser dirigidos a essa região, e foi justamente Cooper o primeiro neurocirurgião a realizar intervenções nos núcleos da base do cérebro, não mais fechando a artéria, mas por procedimentos estereotáxicos, semelhantes ao que fazemos atualmente.

Denominamos cirurgia estereotáxica um procedimento minimamente invasivo, baseado na introdução de eletrodos no cérebro, que são orientados pelas coordenadas cartesianas X, Y e Z, para atingir, com precisão, alvos milimétricos na profundeza do órgão.

Irving Cooper teve o grande mérito de dar uma direção ao tratamento dos movimentos involuntários, e por isso enfrentou o ciúme e a resistência dos maiores nomes da neurologia de sua época. Apesar de suas inúmeras publicações mostrando os bons resultados, sua descoberta era questionada. Em meio a tanta controvérsia, Houston Merritt, o maior nome da neurologia americana de então e professor da Universidade Columbia, foi escolhido para esclarecer os fatos e fazer a conferência magna do Congresso Americano de Neurologia, sobre "O estado atual do tratamento cirúrgico das doenças dos núcleos da base", ou seja, a cirurgia proposta por Cooper. O resumo da conferência, impresso no programa científico, já indicava o questionamento e a conclusão negativa, que influenciaria toda a comunidade neurológica. Cooper, então, decidiu assistir à aula magna levando consigo um paciente operado por ele, vários anos antes, com ótimo resultado, sem qualquer tremor ou sequela.

Como esperado, Merritt em sua apresentação fez o possível para questionar os resultados e desmerecer o trabalho de Cooper. A vaidade não lhe permitia admitir que um marco neurológico dessa dimensão viesse de outro grupo universitário. Terminada a conferência, Cooper pediu para comentá-la e subiu ao palco, acompanhado de seu paciente. Após apresentar o caso, sugeriu, aos que desejassem, interrogá-lo e examiná-lo. Finalmente, a resistência foi vencida. Poucos se lembram de Houston Merritt, mas Irving Cooper faz parte da história da neurologia e da neurocirurgia.

7. A doença de Parkinson e as distonias musculares

O mal de Parkinson é uma doença neurodegenerativa, que causa atrofia dos neurônios produtores de dopamina, que se encontram nos núcleos da base do cérebro. Esses núcleos são grupos de neurônios que apresentam várias subdivisões milimétricas e que funcionam em equilíbrio, pela estimulação ou inibição de substâncias químicas chamadas de neurotransmissores. Na doença de Parkinson, a redução da dopamina resulta no predomínio dos núcleos ativados pela acetilcolina. Portanto, se medicarmos o paciente com dopamina, restabeleceremos o equilíbrio entre esses núcleos, aliviando os sintomas. Essa harmonia também pode ser alcançada cirurgicamente, com a desativação do núcleo hiperativo.

O bom funcionamento dessas estruturas é responsável pelos movimentos automáticos, que são os que fazemos com naturalidade, sem pensar, como caminhar e balançar os braços. Enquanto andamos distraídos, o paciente com Parkinson está completamente atento ao próximo passo que vai dar, não movimentando os braços enquanto anda, assumindo uma postura rígida, congelada, com o rosto sem expressão.

O quadro clínico é tão característico que o diagnóstico é feito ao primeiro olhar. Todos se lembram do papa João Paulo II, que no final da vida apresentou um tremor parkinsoniano, facilmente identificável até mesmo pela televisão. Esse tremor caracteriza--se por ser de repouso, ou seja, surge quando o braço e a mão estão relaxados, e desaparece quando entram em atividade, como ao pegar um objeto. Difere-se, portanto, do mais comum dos tremores, o chamado intencional, que não é uma doença, mas apenas uma característica familiar, e que surge na ação, como ao escrever ou segurar uma xícara.

A doença de Parkinson, entretanto, é degenerativa e progressiva, com sintomas mais complexos do que aqueles observados superficialmente. Ela foi descrita em 1817 pelo médico inglês James Parkinson, baseado em apenas seis casos, três dos quais ele apenas viu na rua. Em sua publicação, chamou a doença de paralisia agitante, pois havia lentidão dos movimentos, acompanhado de tremor. Alguns anos depois, o grande neurologista francês Jean-Martin Charcot, aprofundou o estudo de seus sintomas e, homenageando seu descobridor, batizou-a com o nome de doença de Parkinson.

A cirurgia surgiu como primeiro tratamento disponível para a doença em 1930, quando era feita com o crânio aberto, para remoção de áreas cerebrais e secção de vias motoras. Só na década de 1950 foram introduzidas as técnicas esterotáxicas, baseadas no sistema de coordenadas descrito por Descartes em 1637. O sistema cartesiano mostrou que a localização de um ponto no espaço pode ser definida pela sua relação com três planos perpendiculares. Apoiados nesse princípio, foram criados equipamentos que permitiram conduzir eletrodos a alvos milimétricos na profundeza do cérebro, através de pequenos orifícios no crânio. Começava aí a moderna cirurgia funcional, que se destina a mudar alguma função do cérebro mal executada.

No início dos anos 1960, descobriu-se a relação da doença de Parkinson com a falta de dopamina e a primeira tentativa medicamentosa de repor esse neurotransmissor ocorreu em 1967. O sucesso inicial do tratamento clínico fez com que a cirurgia fosse praticamente abandonada. O que não se sabia era que a medicação viria a ter seus efeitos reduzidos com o tempo.

Esse universo é muito bem dramatizado no instigante *Tempo de despertar*, filme de Penny Marshall, baseado em livro do neurologista Oliver Sacks sobre sua própria experiência. No filme, Robin Williams faz o papel do médico ficcional Malcolm Sayer, que trabalha num hospital do Bronx, em Nova York. Encarregado da ala de pacientes crônicos, todos em estado catatônico, enrigecidos como estátuas, restritos ao leito e incapazes sequer de mudarem de posição, dr. Sayer toma conhecimento de uma nova droga chamada Levodopa, que começava a ser utilizada experimentalmente em pacientes com Parkinson.

Não tendo nada de diferente a oferecer àquelas pessoas, ele se empenha em conseguir autorização junto à direção da clínica para fazer testes em um de seus clientes com o remédio. O escolhido é Leonard Lowe, por ser um dos mais antigos pacientes internados, interpretado por Robert de Niro, que está ótimo no papel.

Como num passe de mágica, Lowe desperta de seu estado catatônico, o que faz com que todos os outros pacientes adormecidos sejam igualmente medicados. Eles então começam a se movimentar, saindo de suas camas e desencadeando uma euforia com o resultado surpreendente. Seguem-se muitos festejos e altas hospitalares. Só que, após algum tempo, os efeitos da droga vão se esvaindo, e o filme termina como começou, com todos enrijecidos e de volta aos seus leitos.

Desde então, as medicações foram aperfeiçoadas e os efeitos benéficos se tornaram mais prolongados. Mesmo assim, foi necessária a volta da cirurgia, para os casos de difícil controle. Ainda hoje, não existe solução perfeita. O que os médicos consideram um bom resultado nem sempre satisfaz aquele que espera a cura.

Lembro-me de um paciente que atendi com Parkinson avançado, bilateral, com tremor intenso, lentidão de movimentos e pouca resposta ao tratamento. Por ser um homem de vida pública, que não queria se expor, as limitações que a doença impunha eram ainda maiores. Propus a colocação de um estimulador cerebral profundo, bilateralmente. O estimulador se assemelha e funciona como se fosse um marca-passo cardíaco. Inicialmente, são introduzidos dois eletrodos, um em cada hemisfério cerebral. No caso, escolhemos como alvo os núcleos pálidos, que considerei os mais adequados para controlar os seus sintomas.

A cirurgia é feita com o paciente acordado, para que ele possa informar o que sente e nos dar a certeza de que atingimos os alvos, que são milimétricos e profundos. Na sequência, o paciente é anestesiado para instalarmos a bateria, abaixo da pele, na região peitoral. Esse aparelho produz estimulação elétrica, que inibe o funcionamento do núcleo escolhido, e é ajustado caso a caso.

O resultado foi maravilhoso, do ponto de vista médico. Desapareceram os tremores, ele ficou mais ágil, perdeu o aspecto de doente e retomou suas atividades. Naturalmente, não ficou curado. Precisava manter a medicação para ajudar e tinha alguns momentos de dificuldade na vida cotidiana. Mas a melhora era gritante, por isso fiquei muito feliz com a boa evolução do caso, ainda que o paciente e sua família tivessem algumas queixas e certo ar de insatisfação.

Após alguns anos de vida profissional normal, o paciente encontrava-se no exterior, a trabalho, quando se esgotou a bateria do estimulador. Imediatamente, ele se tornou uma estátua, não conseguindo andar ou mesmo se mexer. Foi trazido, às pressas, de volta ao Brasil. Trocamos a bateria e tudo voltou à normalidade de outrora.

Esse episódio foi emblemático, pois fez com que o doente e a família entendessem a realidade da situação, os limites do tratamento e o quanto ele estava se beneficiando do procedimento. Outros movimentos involuntários são mais raros e mais curiosos. As distonias musculares, como diz o nome, são contrações involuntárias e simultâneas, de músculos agonistas e antagonistas, resultantes de uma disfunção cerebral, que provoca movimentação incessante e desordenada. Essas contrações podem ser localizadas ou focais, e generalizadas, surgindo muitas vezes na infância, quando são de origem genética, ou adquiridas ao longo da vida, na maioria das vezes, por impregnação de medicação psiquiátrica.

A distonia localizada ou focal é restrita a um grupo muscular, e a sua forma mais comum é a que envolve o pescoço, conhecida como torcicolo espasmódico, em que o paciente mantém a cabeça girada para um dos lados, *laterocolis*, ou para trás, *retrocolis*.

Ambas as formas foram retratadas por pintores famosos. Marc Chagall, em 1919, pintou *L'Homme à la tête renversée*, um personagem totalmente curvado para trás, em opistótono, como diríamos em termos médicos. Egon Schiele, grande pintor expressionista austríaco, que morreu precocemente em 1918, na grande epidemia de gripe espanhola, retratou a si próprio diversas vezes em posição de laterocolis. Até mesmo em fotografia ele aparece nessa posição, tendo sido levantada a suspeita de que sofresse de distonia focal, tipo torcicolo espasmódico. A única esperança de tratamento, para esses casos, é a cirurgia, com técnica semelhante à de Parkinson.

As formas mais curiosas de distonias focais são aquelas relacionadas à atividade do paciente, chamadas de distonias profissionais, que são desencadeadas pela repetição de um movimento. A mais popular é a cãibra do escrivão, que se manifesta por contrações involuntárias da musculatura da mão no ato de escrever. Ironicamente, não há nenhuma outra limitação para o uso dessa mão; entretanto, esse paciente jamais voltará a escrever. E o pior, se passar a caneta para a outra mão, em pouco tempo ocorrerá a mesma coisa. Nunca mais poderá assinar seu nome. A partir daí, tudo deverá ser digitado.

Tive muitos casos interessantes, alguns consegui resolver. Operei um músico que tocava instrumento de sopro e que desenvolveu a distonia na musculatura da boca. Era uma pessoa normal para tudo, mas toda vez que tentava tocar sua flauta, seus lábios e a musculatura oromandibular entravam em contração, impedindo sua arte. Esse rapaz foi operado, colocou um estimulador cerebral profundo e voltou a soprar como antes.

A história mostra casos que não foram identificados, por desconhecimento da doença à época, e que hoje são diagnosticados, retroativamente. Robert Schumann, um dos mais destacados compositores do período romântico, da primeira metade do século XIX, iniciou sua carreira como pianista de grande talento. Progressivamente, passou a apresentar perda na habilidade da mão direita, com contratura do terceiro dedo, mas apenas quando estava ao piano. Schumann foi obrigado a abandonar a carreira de pianista, tornando-se, entretanto, um grande compositor. Seu diagnóstico tardio foi feito por pesquisadores que analisaram seus diários e as cartas que trocava com sua mãe.

Tivemos um caso semelhante com um consagrado músico brasileiro, que apresentou a cãibra do pianista, inicialmente, numa das mãos e, progressivamente, na outra. A frustração de ser obrigado a abandonar o piano não o impediu que viesse a se tornar um grande maestro.

O mecanismo dessas distonias profissionais não é bem definido, mas se atribui a uma disfunção da plasticidade cerebral. Acredita-se que o excesso de movimentos repetitivos aumente as áreas cerebrais que os executam, terminando por se superporem às funções das áreas vizinhas. Isso torna difícil a individualização dos movimentos, pois, quando ativadas, essas áreas estimulam também aquelas que foram invadidas. Por exemplo, quando um grupo de músculos flexores se contrai, é preciso que o grupo extensor oponente se relaxe. Na distonia os dois grupos entram em contração simultaneamente, distorcendo o movimento.

As doenças que produzem movimentos involuntários em geral não são mortais, mas são incapacitantes ao extremo socialmente, pois basta um pequeno tremor na mão para que o paciente se sinta constrangido e não queira ser visto. De início, vai à rua com a mão no bolso, mas, quando piora, não quer mais sair de casa.

As distonias generalizadas são mais graves, pois envolvem o tronco e as extremidades, causando defeitos posturais ortopédicos quando de longa data. Terminam por levar à dependência para caminhar ou se alimentar.

Tive um paciente, que veio do interior de Minas Gerais, já com 25 anos, sofrendo de intensa distonia generalizada, que o obrigava a sair acompanhado como *L'Homme à La Tête Renversée*. Desde a infância, sua vida fora limitada pela doença, que o contorcia e deformava, curvando-o para trás, com espasmos musculares e movimentos constantes, impossibilitando-o de ficar ereto. Ainda que gozando de plena inteligência, a distonia e os preconceitos estéticos o impediam de fazer atividades físicas e o afastavam do convívio social. Sem esperança e sem recursos médicos, no

interior onde vivia, veio a um grande centro à procura de tratamento. Operei esse rapaz na Santa Casa da Misericórdia do Rio
de Janeiro e tive a imensa alegria de revê-lo, um tempo depois,
sem distonia, casado e feliz.

A cirurgia mudou sua vida, ou, poderíamos dizer, devolveu-
-lhe a vida.

8. Os lobos temporais e a memória

A memória é uma faculdade que distingue o homem desde sua mais remota existência. Já era um mito na Grécia antiga representada, no Olimpo, por Mnemósine, mãe de Clio, a deusa da história, simbolizando uma intrínseca ligação, no imaginário humano, da memória com a história. A divinização da memória, portanto, sinalizava sua grande importância social, por ser responsável pela transmissão oral da cultura, dos costumes, das grandes conquistas dos heróis, pela formação das tradições, lembrança coletiva e identidade do povo.

Durante muitos séculos, a memória foi tratada como um fenômeno místico e sujeito a especulações filosóficas. Aristóteles acreditava que as sensações eram conduzidas ao coração e ali se transformavam em ideias e memória. Descartes, no século XVII, separou a mente do corpo, na teoria conhecida como dualismo cartesiano, acreditando que a memória fosse parte alma, e por isso encontrava-se fora do cérebro.

No final do século XVII, o influente filósofo inglês John Locke, considerado o fundador do liberalismo filosófico e do empirismo, e da teoria do conhecimento, em seu livro mais importante,

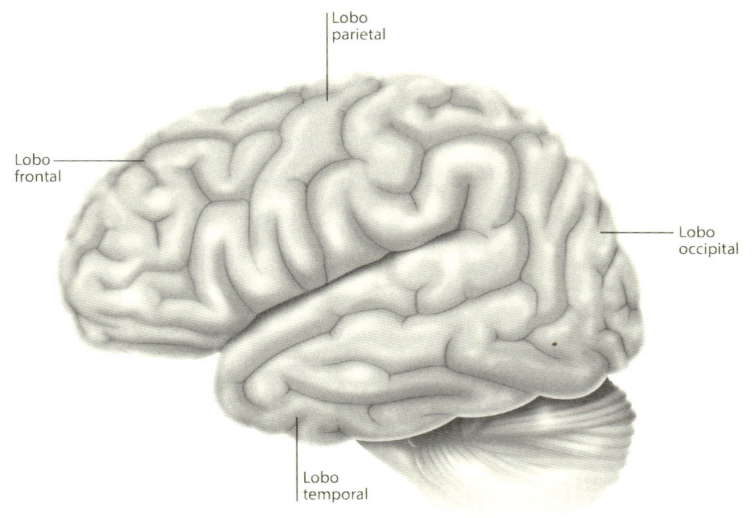

Lobo parietal

Lobo frontal

Lobo occipital

Lobo temporal

Ensaio sobre o entendimento humano, descreveu a memória como: "A faculdade que possui o espírito de ressuscitar percepções passadas, diante de percepções presentes, indicando que elas já foram experimentadas".[1] Locke ressaltou também a importância da memória para a formação da identidade pessoal, e equiparou-a à consciência. Para ele: "A identidade de uma pessoa tem um alcance tão grande quanto a consciência puder ser estendida retrospectivamente a uma ação ou pensamento do passado".[2] Locke ainda levantou a questão de se com a perda da memória e o esquecimento do passado continuaríamos a ser a mesma pessoa. Em resumo, ele sugere que somos o que lembramos.

O desenvolvimento da memória permitiu ao homem acumular conhecimentos e evoluir psiquicamente. Sem ela, seria obrigado a recomeçar sua vida consciente todos os dias, como um eterno renascer. No entanto, a hipermemória também pode ser problemática e não tem relação com a inteligência, servindo, muitas vezes, apenas para exibições públicas.

Em 15 de junho de 1947, o *New York Times* reproduziu uma notícia da agência soviética Tass, relatando a extraordinária capacidade mental de um russo, que "provavelmente possuía a memória mais poderosa de todos os homens". Nessa matéria, o eminente professor de psicologia Alexander Luria, da Universidade de Moscou, reportava a capacidade do jovem jornalista Solomon Shereshevski "de se lembrar, facilmente, de qualquer número de palavras ou dígitos e, com a mesma facilidade, memorizar páginas inteiras de livros, sobre qualquer assunto, em qualquer língua, inclusive os lidos há bastante tempo".[3]

Luria estudou a memória de Shereshevski por trinta anos, e relatou suas observações em um livro intitulado *A mente e a memória*, publicado em russo e em inglês, em 1968. Observou que ele apresentava um distúrbio neurológico conhecido como sinestesia, que colaborava para sua extraordinária memória.

Na sinestesia, o estímulo de um sentido pode provocar sua associação com outros. Assim, um som ao se dirigir ao córtex auditivo pode estimular também o córtex visual, o olfativo e assim por diante. Logo, uma palavra pode ter relação com um som, uma música, uma cor, um gosto ou com várias sensações, simultaneamente.

Tudo o que Shereshevski via ou ouvia estava associado também a uma cor, uma temperatura, um peso e uma forma específicos. Certa vez, ele disse a um dos psicólogos que o entrevistava: "Que voz amarela e crocante você tem".[4]

A memória humana é baseada no sistema de linguagem, por isso, nossas primeiras lembranças coincidem com a época em que começamos a falar. Diferentemente dos outros seres humanos, Shereshevski tinha seu mecanismo de memória calcado na asso-

72

ciação das imagens aos sentidos, e essa distorção permitia a ele ter lembranças até da época de recém-nascido, muito antes de falar. Sua memória espetacular despertava tanta curiosidade que acabou levando-o a abandonar a profissão de jornalista para fazer demonstrações públicas. Seu caso foi motivo de documentário na televisão russa, vários filmes europeus e peças de teatro.

O mais curioso é que, cinco anos antes de o caso Shereshevski vir à tona, o escritor argentino Jorge Luis Borges publicou o conto "Funes, o memorioso".[5] Nele, o personagem Ireneo Funes sofre um traumatismo craniano aos dezenove anos e ao recobrar a consciência encontra-se com uma memória fantástica. Ele, que se considerava um tolo e desmemoriado, agora se lembra de tudo, nos mínimos detalhes, incluindo datas e fatos sem importância. Pode recordar cada minuto de seu passado. Assim como o russo da vida real, o Funes da ficção apresentava sinestesia, com sensações musculares e térmicas associadas às suas memórias.

Ambos eram muito precisos em suas informações, mas incapazes de pensar, refletir, generalizar ou entender metáforas, pois não conseguiam abstrair. As anotações de Luria contam que a leitura de Shereshevski era superficial e exigia palavras com sentido exato, pois ele as associava a alguma imagem; quando isso não era possível, ele não conseguia entender o que lia. Ele tinha dificuldade com o significado de palavras abstratas, como "dor", "nenhum", "infinito" e "eternidade", pois não captava a ideia, ao menos que pudesse vê-la.

A sinestesia estava presente em toda a sua atividade mental. Quando ouvia um som, sentia seu gosto na língua, e só assim podia entendê-lo. Em uma de suas consultas com Luria, explicou-lhe: "Você sabe por que tem música nos restaurantes? Porque ela muda o gosto de tudo. Se você escolhe o tipo de música adequado, tudo fica mais saboroso. Certamente os proprietários sabem disso".[6]

Shereshevski não se dava conta de como era diferente dos outros. Essas dificuldades de pensamento e adaptação social levaram neuropsicologistas da Universidade de Toronto a concluir que pessoas como Shereshevski estão no espectro autista.

Assim como o Funes de Borges, Shereshevski nunca teve sucesso profissional, tendo exercido várias atividades passageiras. Seu melhor momento foi como artista de Vaudeville, exibindo sua memória inesgotável. Ao contrário de todos nós, que estamos sempre procurando meios de aprimorar a memória, a grande questão de Shereshevski era como conseguir esquecer, como apagar aquela montanha de lixo, aquelas imagens que não tinham utilidade, mas que ainda estavam presentes no seu dia a dia.

Como amor e ódio, esquecimento e memória também são inseparáveis. Esquecer envolve limpeza de arquivo e faz parte do processo de seleção. É o reverso da memória, pois, ao descartar o excesso, o que não interessa, abre-se espaço para novos registros. Desse equilíbrio sairá a seleção de nossas lembranças, que formarão nossa autobiografia.

Ainda mal compreendida, a memória é uma das funções cerebrais mais valorizadas pelo homem moderno, seja por medo de perdê-la e não se reconhecer como indivíduo, seja pelo desejo inconsciente de imortalidade, a verdadeira resistência ao esquecimento.

A memória foi deixando de ser um assunto filosófico a partir do século XIX, quando Paul Broca, em 1861, localizou a área cerebral da linguagem no hemisfério cerebral esquerdo, o que sugeriu que a memória também poderia ter uma área anatômica específica. Hoje, sabemos que a memória se encontra espalhada pelo cérebro, na forma de circuitos que integram várias áreas. Esses circuitos são modulados por substâncias químicas chamadas de neurotransmissores, como a dopamina, a acetilcolina, a serotonina e o glucamato, e são liberados nas sinapses, isto é, nas estruturas que fazem as conexões entre os neurônios, que, por excitação ou inibição, transmitem adiante as informações.

Bilhões de neurônios e incontáveis sinapses formam circuitos com diferentes funções de memória, como as relacionadas ao tempo, de curta ou longa duração. Assim, a lembrança de uma refeição caseira terminará por ser descartada, mas um jantar com a rainha da Inglaterra entrará para o arquivo de longa duração. As memórias também são classificadas como explícitas, implícitas ou operacionais. Explícitas são aquelas que podem ser recuperadas por palavras, divididas em episódicas e semânticas. As episódicas estão relacionadas às experiências do cotidiano, como o cinema da véspera ou uma festa de casamento. Já as semânticas são atemporais e armazenam nossos conceitos e conhecimentos gerais. Por exemplo, quem descobriu a América, o nome do presidente da França, a forma de um triângulo ou a cor do céu.

Já as memórias implícitas são aquelas que não podemos transformar em palavras, mas que estão presentes nas habilidades que desenvolvemos, como andar de bicicleta, e nas associações que fazemos, como a sensação de fome ao sentirmos o cheiro de comida. A memória operacional, ou de trabalho, é a que registra, temporariamente, informações necessárias para uso imediato, que serão eliminadas a seguir. Por exemplo, ao dirigirmos, somos capazes de executar um trajeto que nos foi explicado sem necessidade de anotações.

A memória de curto prazo, que chamamos correntemente de memória recente, depende dos lobos frontais e temporais, que trabalham em parceria. Os lobos frontais têm a função de escolher os fatos que interessam e que merecem ser armazenados. Essa seleção baseia-se no que chama a atenção de cada indivíduo, no que o emociona ou no que considera importante, portanto é pessoal e intransferível. Alguns acontecimentos, no entanto, dizem respeito à humanidade. Jamais esqueceremos a explosão das Torres Gêmeas. Feita a seleção, os lobos frontais codificam essas informações e as transferem para os lobos temporais. Eles, e em especial os hipocampos, manterão as informações por um tempo e, eventualmente, vão transformá-las em memória de longo prazo.

Vejo muitos pacientes chegarem ao meu consultório alarmados pelo fantasma do Alzheimer por estarem esquecendo detalhes do cotidiano, como onde deixaram o celular ou a chave do carro. Essas queixas não são significativas, pois são exemplos típicos de quem está desatento ou preocupado com outro assunto, já que eles não esquecem o nome da namorada ou a senha do banco e têm bom desempenho profissional.

Ainda não se sabe onde nas células estão armazenados os chamados engramas, que são as gravações dessas informações e de todas as outras percepções que temos. É provável que estejam espalhados pelo cérebro, em áreas corticais setorizadas, sob a regência dos hipocampos. Se a percepção for visual, os engramas deverão estar localizados nos lobos occipitais, se sonora, nos temporais e assim por diante.

Quando queremos resgatar uma lembrança, usamos novamente os lobos frontais, que, funcionando como um maestro, acionam os hipocampos para obter a informação desejada. O lobo temporal esquerdo é mais dedicado à memória de linguagem, enquanto o direito tem a preferência nas cenas visuais.

As estruturas anatômicas mais importantes dos lobos temporais são as amígdalas cerebrais e os hipocampos, sendo estes considerados a principal sede da memória. Lesões nos hipocampos impedem a formação de novas memórias, e o paciente é incapaz de se lembrar o que fez há pouco. Os hipocampos encontram-se na parte medial dos lobos temporais e receberam esse nome por se assemelharem ao hipocampo da mitologia grega, uma criatura cuja parte anterior do corpo é um cavalo e a posterior é um peixe, lembrando um cavalo-marinho.

Há um caso famoso na literatura médica de um paciente que teve seus hipocampos removidos e ficou com amnésia. Era um jovem de 27 anos, com crises convulsivas de difícil controle, que foi submetido à remoção de ambos os hipocampos num grande centro de epilepsia no Canadá, em 1953. Após a cirurgia, o paciente ficou curado das crises, mas perdeu, por completo, sua memória recente. Mantinha a antiga, mas era incapaz de fixar qualquer nova informação. A divulgação desse caso teve grande impacto entre neurologistas e psicólogos. Hoje, sabemos que quando o foco epiléptico é bilateral, localizado em ambos os hipo-

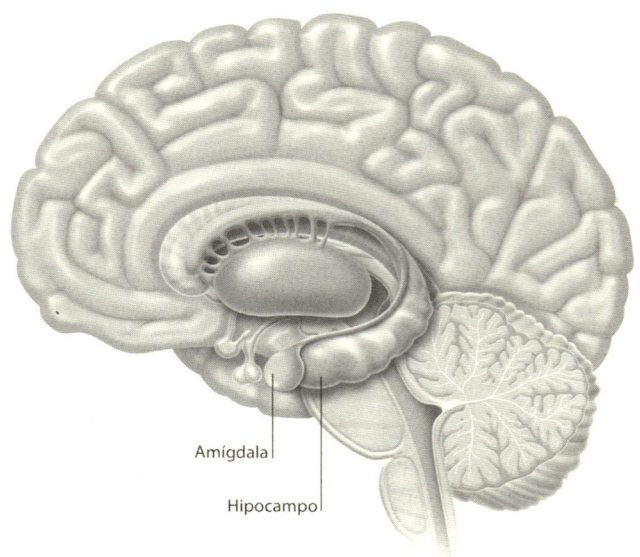

Amígdala

Hipocampo

campos, a cirurgia é contraindicada. É relativamente frequente que traumatismos cranianos causem lesões nos hipocampos. Nesses casos, as lesões costumam ser parciais e pode haver recuperação da memória com o passar do tempo.

Lembro-me de minha frustração ao cumprimentar um paciente a quem operei duas vezes, salvando sua vida, e que não me reconheceu um ano depois. Durante os 45 dias de sua internação, eu o acompanhei dia e noite, mas ele agora não sabia quem eu era. O paciente sofrera grave traumatismo craniano em um acidente, tendo ficado em coma por várias semanas, e suas tomografias mostravam contusões de ambos os lobos temporais. Apesar de sua ótima recuperação, nunca se lembrará de mim ou de qualquer fato relacionado àquela época, pois sua memória não registrara o período do acidente, em um caso típico de amnésia pós-traumática.

Tanto a depressão quanto a doença de Alzheimer podem comprometer a memória episódica. No caso da depressão, a disfunção está nos lobos frontais, e no Alzheimer, nos temporais. Ao aplicarmos testes de memória nos pacientes deprimidos, observamos as alterações típicas dos lobos frontais, o grande arquivador cerebral. A falta de emoção e interesse que a doença causa prejudica a seleção dos fatos a serem registrados e o resgate de memórias anteriores. Essas informações, porém, não estão perdidas, e com ajuda de um exame de múltipla escolha podem ser recuperadas. Contudo, se durante o exame o paciente não se lembra do que foi perguntado, mesmo após ter treinado repetidas vezes, e ainda com o auxílio da múltipla escolha, é porque o problema está no arquivo, ou seja, no lobo temporal. Isso quer dizer que as informações estão perdidas, sugerindo doença de Alzheimer.

Os circuitos da memória semântica são independentes. Mesmo quando a memória episódica está comprometida, a memória semântica, que foi adquirida anteriormente, pode estar preservada. Ela também é responsável pela nomeação de objetos ou pessoas, e está concentrada na região lateral inferior dos lobos temporais. Na doença de Alzheimer, essas formas de memória serão afetadas independentemente uma da outra, cada uma a seu tempo.

A dificuldade em lembrar o nome de pessoas, entretanto, é comum em adultos e está, em geral, relacionada à idade, e não a doenças. Quando a memória semântica está muito comprometida, a pessoa não sabe o nome do presidente da República, não é capaz de nomear um objeto que lhe é descrito nem fazer o inverso: descrever um objeto cujo nome lhe é dado.

Proust, que não era neurologista e não conhecia os conceitos modernos de memória, em sua grande obra, *Em busca do tempo perdido*, fala muito da memória voluntária, aquela que podemos evocar quando desejamos e que hoje chamamos de explícita, e das reminiscências ou lembranças involuntárias, que surgem pela associação de fatos atuais com momentos do passado. Em seu livro, o narrador, que supostamente é o próprio Proust, ao tomar um chá e comer uma madeleine, é de imediato tomado por uma sensação que assim descreve:

Invadira-me um prazer delicioso, isolado, sem noção de sua causa. Esse prazer logo me tornara indiferente às vicissitudes da vida, inofensivos seus desastres, ilusória sua brevidade, tal como o faz o amor, enchendo-me de uma preciosa essência: ou, antes, essa essência não estava em mim, era eu mesmo. Cessava de me sentir medíocre, contingente, mortal. De onde me teria vindo aquela poderosa alegria? Senti que estava ligada ao gosto do chá e do bolo, mas que o ultrapassava infinitamente e não devia ser da mesma natureza. De onde vinha? Que significava? Onde apreendê-la?[7]

De súbito a lembrança lhe aparece:

Aquele gosto era o do pedacinho de madeleine que minha tia Léonie me dava aos domingos pela manhã em Combray (porque nesse dia eu não saía antes da hora da missa), quando ia lhe dar bom-dia no seu quarto, depois de mergulhá-lo em sua infusão de chá ou de tília.[8]

Essas reminiscências eram de sua infância no vilarejo de Combray, de cujo teatro local se recordava, assim como de seu pânico de dormir sozinho na época. Deleuze, em seu livro *Proust e os signos*, se refere às reminiscências como metáforas da vida, pois determinam uma relação entre dois objetos inteiramente diferentes. Deleuze se indaga como explicar o mecanismo complexo das reminiscências:

A reminiscência coloca vários problemas que não são resolvidos pela associação de ideias. Por um lado, de onde vem a extraordinária alegria que experimentamos na sensação presente? [...] como explicar que não haja simples semelhança entre as duas sensações, presente e passada? Como explicar que Combray surja, não exatamente como foi vivida, em contiguidade com a sensação passada, mas com um esplendor, com uma "verdade" que nunca tivera equivalente no real?[9]

Os lobos temporais abrigam ainda outra estrutura importante, que são os núcleos amigdaloides, ou as amígdalas, que estão relacionadas à regulação das emoções e ao armazenamento de memórias afetivas, o que talvez possa responder à pergunta de Deleuze.

Em 1939, dois neurocirurgiões americanos, Heinrich Klüver e Paul Bucy, observaram que a retirada de ambos os lobos temporais do macaco provocava uma mudança importante do comportamento. Eles desenvolveram o que chamaram de "cegueira psíquica", pois apesar de enxergarem, passaram a examinar todos os objetos com a boca, compulsivamente, mesmo os repugnantes ou perigosos. Esses macacos perderam a reação de medo, que existia antes da cirurgia, diante de uma cobra, por exemplo, e ainda desenvolveram uma hiperatividade autossexual, heterossexual e homossexual.

Esse quadro clínico ficou conhecido como síndrome de Klüver-Bucy, que depende da lesão de ambos os lobos temporais, especialmente de suas estruturas mediais, ou seja, amígdalas e hipocampos.

Lembro-me bem de um paciente, de setenta anos, que sofrera grave traumatismo craniano em acidente automobilístico. Foi recebido no hospital em coma, com várias contusões cerebrais, em especial nos lobos temporais, e múltiplas fraturas na face. Para complicar, havia fístula liquórica, que é a saída do líquido que banha o cérebro, por uma das fraturas. O paciente foi operado de urgência, pois por onde sai o líquido podem entrar bactérias que levam à meningite.

Foram muitas horas de cirurgia para drenagem do hematoma intracraniano, correção das fraturas, fechamento da fístula. Ele se recuperou lentamente, como é habitual nesses casos, tendo permanecido internado por mais de trinta dias. Logo ficou evidente o distúrbio das memórias recente, retrógrada e anterógrada, decorrente do trauma. Ou seja, ele não tinha lembrança do acidente nem de nada do que se passara alguns dias antes, e não conseguia fixar novas informações. Não se lembrava à tarde o que havia feito de manhã. É comum que isso ocorra nos pacientes acidentados, pois tanto os lobos frontais como os temporais são os mais sujeitos às lesões traumáticas. Com o passar dos meses, sua memória foi melhorando, conseguindo aos poucos ganhar independência.

Quando tudo parecia estar bem, sua mulher me procurou no consultório, sozinha. Depois de muita conversa, com eu ainda sem saber a razão da consulta, ela finalmente expôs o problema, parecendo constrangida:

"Dr. Paulo, estamos casados há quase cinquenta anos, somos muito amigos e muito unidos, mas, depois de todo esse tempo, nossa vida sexual tinha praticamente desaparecido. Desde o acidente, ele passou a me procurar, várias vezes por dia. Só pensa em sexo. Não aguento mais. O que podemos fazer?"

Eu não sabia o que dizer. Era a síndrome de Klüver-Bucy, felizmente incompleta, pois faltava a manifestação oral. O que para muitos casamentos é problema, para outros pode ser solução, pensei comigo. Esse quadro, que durou alguns anos, foi inicialmente amenizado com tranquilizantes, e acabou por se extinguir naturalmente.

9. A epilepsia

Uma vez perguntei a meu pai por que ele havia escolhido a medicina, e ele me contou:

"Éramos seis irmãos, e eu era o caçula temporão. Morávamos todos num casarão, em Laranjeiras, numa rua sem saída, que levava o nome do meu avô, Ribeiro de Almeida, ex-ministro do Supremo. Não me lembro bem dele, porque quando morreu eu era muito pequeno.

"Ainda menino, costumava acordar cedo e correr para brincar no jardim, na frente da nossa casa. Certa manhã, percebi que havia um grande envelope amarelo na caixa do correio, que ficava presa à grade do portão. De imediato, imaginei o que fosse. Nessa época, era comum as meninas escreverem cartas aos artistas estrangeiros, pedindo fotos e autógrafos, e certamente era uma resposta que chegava para minha irmã Juju, que tinha esse hábito. Peguei o envelope e corri para o quarto dela, na ânsia de lhe trazer a notícia que tanto esperava e que faria enorme sucesso entre suas amigas. Seria a primeira a ter uma foto autografada do seu ídolo americano. Ela dormia, e acordou assustada quando entrei chamando seu nome. Sentou na cama, num salto, ainda com cara de sono, e pegou o envelope. Nesse momento, seus dentes trincaram, os olhos se esbugalharam, parecendo que iam saltar das órbitas, ela se contraiu toda e teve uma crise convulsiva generalizada. Eu, que tinha apenas oito anos de idade, fiquei chocado, achei que ela estivesse morrendo. Saí aos gritos pela casa, pedindo ajuda.

"Já maiorzinho, minhas tias queriam que eu fosse engenheiro, mas aquela cena nunca saiu da minha cabeça, e passei a ter uma curiosidade enorme em entendê-la, e assim poder decifrar aquela doença que marcou tanto a nossa família."

E marcou também sua carreira médica, pois, mais tarde, meu pai criou a Liga Brasileira de Epilepsia, sempre muito ativa, e desenvolveu uma cirurgia para o tratamento da epilepsia chamada amígdalo-hipocampectomia, reconhecida e utilizada internacionalmente.

A epilepsia é tão antiga quanto o homem, e, na época em que o imaginário coletivo era povoado por fantasmas, superstições e seres sobre-humanos, acreditava-se que os pacientes epilépticos fossem possuídos por entidades demoníacas. Os tratamentos passavam por rituais tribais e, muitas vezes, abria-se o crânio do paciente para permitir a saída desses espíritos.

A palavra "epilepsia" surgiu na Grécia antiga significando algo que captura vindo de fora, que se apodera do ser. A dificuldade primitiva de entender a origem dessas crises levava as pessoas a procurarem tratamentos místicos e soluções miraculosas. No Novo Testamento, no Evangelho de são Marcos, capítulo 9, versículo 15, vemos uma boa descrição de uma criança tendo uma crise epiléptica, do desespero do pai e da ideia que se tinha, então, da doença:

Logo que todo o povo viu Jesus, ficou muito surpreso e correu para saudá-lo. Perguntou Jesus:

"O que vocês estão discutindo?"

Um homem, em meio à multidão, respondeu:

"Mestre, eu trouxe o meu filho, que está com um espírito que o impede de falar. Onde quer que o apanhe, joga-o no chão. Ele espuma pela boca, range os dentes e fica rígido. Pedi aos teus discípulos que expulsassem o espírito, mas eles não conseguiram."

Respondeu Jesus:

"Ó geração incrédula, até quando estarei com vocês? Até quando terei que suportá-los? Tragam-me o menino."

Então, eles o trouxeram. Quando o espírito viu Jesus, imediatamente, causou uma convulsão no menino.

Este caiu no chão e começou a rolar, espumando pela boca.

Jesus perguntou ao pai:

"Há quanto tempo ele está assim?"

"Desde a infância", respondeu ele. "Muitas vezes este espírito o tem lançado ao fogo e à água, para matá-lo. Mas, se podes fazer alguma coisa, tem compaixão de nós e ajuda-nos."

"Se podes?", disse Jesus. "Tudo é possível àquele que crê."

Imediatamente, o pai do menino exclamou:

"Creio, ajuda-me a vencer a minha incredulidade!"

Quando Jesus viu que uma multidão estava se juntando, repreendeu o espírito imundo dizendo:

"Espírito mudo e surdo, eu ordeno que o deixe e nunca mais entre nele."

O espírito gritou, agitou-o violentamente e saiu.

O menino ficou como morto, ao ponto de muitos dizerem: "Ele morreu". Mas Jesus tomou-o pela mão e o levantou, e ele ficou em pé.

A racionalidade na medicina, baseada na relação causa e efeito, começou com Hipócrates, por volta de 400 a.C., mas não teve a divulgação nem a força necessárias para mudar a crença popular.

Séculos antes da era hipocrática, algumas civilizações já reconheciam a epilepsia como uma manifestação clínica de alguma doença, e o famoso Código de Hamurábi, de 1780 a.c., proibia o casamento entre epilépticos, por exemplo. Até o século XVIII, ainda se acreditava que a epilepsia fosse contagiosa ou que provocasse insanidade, reforçando o preconceito e isolando, ainda mais, os epilépticos. O mais surpreendente é que esta mesma restrição tenha existido na Inglaterra até 1970 e nos Estados Unidos até 1980.

Apesar dessas crenças não terem desaparecido por completo, há um consenso, no meio médico, de que a epilepsia é um sintoma comum e característico de doenças ou disfunções cerebrais. As crises epilépticas se originam em alguns neurônios que produzem descargas elétricas súbitas, excessivas e anormais. Eles podem ser congenitamente malformados, defeituosos ou estar sob o efeito irritativo de alguma lesão. Essas descargas, por vezes, ficam restritas à região onde se encontram esses neurônios, produzindo as chamadas crises focais, aquelas que não se generalizam, ou seja, crises limitadas a um segmento do corpo, como um braço ou uma perna. Outras vezes, essas descargas se propagam por todo o córtex cerebral, levando à perda da consciência e à crise generalizada, que envolve todo o corpo.

As mais comuns são as generalizadas, em que o paciente perde, subitamente, a consciência, por vezes precedida de um grito, e por pouco mais de um minuto alterna contrações com abalos, trinca a mandíbula e pode morder a língua. A respiração se interrompe, e logo a seguir há um relaxamento. Pouco depois a pessoa acorda sem saber o que se passou, ainda confusa. São crises muito impressionantes para quem as assiste, incluindo os médicos, e mesmo para os familiares que já estão acostumados. Parecem ter duração eterna, e dão a sensação de morte iminente.

Nas crises focais, a descarga elétrica não se propaga, e o paciente não perde a consciência. Elas correspondem a uma reprodução exagerada das funções da área onde se deu a descarga. Quando esta ocorre na região motora, por exemplo, o paciente assiste às contrações repetidas, rítmicas, incontroláveis, da face, do braço ou de todo um lado do corpo por alguns segundos ou minutos, que é, em geral, quanto duram. Quando ocorre pela primeira vez, muitos acreditam estar sofrendo um acidente vascular cerebral (AVC). Mas para os médicos é bem diferente, pois a presença de contrações indica descarga elétrica, excesso de atividade, movimentos, epilepsia. No derrame ocorre o contrário: ausência de atividade, de movimentos, paralisia.

As crises epilépticas também podem ser o primeiro sintoma de um tumor cerebral e devem ser exaustivamente investigadas. Nesses casos, a irritação do córtex pelo tumor, causando a sua compressão, desencadeia as descargas neuronais. Mal comparando, seria como uma irritação do nariz ou da garganta que desencadeia uma série de espirros ou tosses. A investigação com ressonância magnética é fundamental nesses casos, já que as crises podem estar sinalizando a presença de uma doença, eventualmente maligna.

Certa vez, me ligaram pedindo para atender com urgência um paciente que durante um almoço de fim de ano de repente deixara de falar, ficando com olhar vago e fixo, fazendo movimentos mastigatórios, e mexendo seguidas vezes os talheres e o prato, sem responder aos chamados. Era uma crise epiléptica típica do lobo temporal, chamada de crise parcial complexa, que durou alguns minutos. Quando voltou a si, ele se assustou com todos à sua volta. Não sabia o que tinha acontecido e sua última lembrança era de ter sentido um cheiro estranho no meio da conversa. Esse "cheiro" já indicava o início da crise, clinicamente chamada de "aura", que prenuncia o início de uma crise maior. Quando essas crises são rápidas, o paciente — e quem está à sua volta — pode não perceber nada de anormal, pois em segundos a pessoa retoma a consciência e a conversa, como se nada houvesse ocorrido. A aura é o primeiro sintoma de uma crise epiléptica, cuja manifestação dependerá da área onde se deu a descarga elétrica inicial. Podem ser alucinações olfativas, como neste caso, mas também visuais, sensitivas, sensações de medo ou angústia. Doentes com crises de longa data aprendem a reconhecê-las e logo se protegem, sentando ou deitando.

Voltando ao nosso paciente, seus amigos o levaram para o pronto-socorro, onde foi feita a ressonância magnética que mostrou um tumor cerebral no lobo temporal direito, na região do hipocampo. Eu o operei no dia seguinte, pois tratava-se de um tumor maligno, chamado glioblastoma multiforme.

Esse paciente, que também era meu amigo, viveu bem, trabalhando normalmente, durante dois anos, então a doença voltou, mais agressiva ainda, às vésperas do casamento de seu filho mais velho. Pai de uma família muito unida e ciente da gravidade do seu caso, sabia que não viveria os dois meses necessários para ver o casamento. Ele então me consultou sobre a possibilidade de nova operação. Nossa conversa foi dura, pois tive que explicar que outra cirurgia poderia lhe dar, no máximo, mais dois ou três meses de vida. Ele não hesitou: "É o que me basta". Eu o reoperei, ele assistiu ao casamento e faleceu alguns dias depois.

Durante todo esse período, ele foi um exemplo de estoicismo, o que facilitou muito o tratamento, não tendo jamais reclamado de sua doença. Nos piores momentos procurava consolar a todos, inclusive a mim, e sempre que eu entrava em seu quarto ele afirmava que estava melhorando. Aqui, a epilepsia foi mero sintoma, de importância secundária, tendo servido apenas de alarme ao grave tumor que atacava o cérebro.

A epilepsia pode ter origem genética e se manifestar já na infância. Temos um exemplo de incidência familiar bem documentado em nossa família real. Consta que d. João VI teria falecido após uma série de crises convulsivas. Seus filhos, d. Pedro I, d. Maria Isabel e d. Isabel Maria também eram epilépticos. D. Leopoldina, primeira mulher de d. Pedro I, que tinha histórico de epilepsia em sua família, faleceu após crises convulsivas persistentes. Ainda que não tenha havido confirmação por estudo genético, fica claro que havia forte componente familiar. E que a epilepsia não impediu que conduzissem, por muitas gerações, o destino do extenso império. Nessa época, praticamente não havia tratamento, e os pacientes ficavam expostos e limitados, pela maior ou menor incidência das crises.

A primeira medicação com alguma eficácia foi o brometo de potássio, introduzido pelo famoso médico inglês Sir Samuel Wilks em 1859. No início do século XX, surgiram os barbitúricos de maior eficiência, e desde então uma série de outros produtos foi incorporada à farmacopeia neurológica. Esse progresso permitiu que dois terços dos epilépticos passassem a ter suas crises controladas e a levar vida normal. A medicação, entretanto, não cura, apenas a controla, como ocorre no tratamento dos diabéticos e dos pacientes com hipertensão arterial.

O outro terço reúne os casos graves, considerados de difícil controle medicamentoso. Apesar da associação de vários medicamentos em altas doses, as crises persistem, por vezes diariamente, tornando-se uma grande limitação para a vida dessas pessoas e causando sério transtorno familiar. Esses doentes podem ter déficits cognitivos variáveis, seja por já terem nascido com graves lesões cerebrais, seja pelo declínio cognitivo, que vai se instalando ao longo dos anos, causado pela repetição das crises, que terminam por lesar os neurônios. Para esse grupo de pacientes existe a esperança da cirurgia.

A cirurgia da epilepsia teve origem no final do século XIX, simultaneamente, na Inglaterra e nos Estados Unidos, e hoje é uma subespecialidade importante da neurocirurgia. Para selecionar os possíveis candidatos ao tratamento cirúrgico, é fundamental a investigação num centro especializado, onde através de exames tentarão localizar um foco de neurônios atrofiados, malformados ou uma cicatriz traumática que possam ser removidos.

Há alguns anos, atendi no consultório uma jovem, de dezoito anos, com olhos brilhantes e cheia de projetos, que apresentava crises do lobo temporal semelhantes à que descrevi no episódio acima, inicialmente esporádicas, mas depois quase diárias, apesar da medicação. Após uma sensação estranha de gosto metálico na boca, a paciente ficava inconsciente, incomunicável, com os olhos fixos, caminhando e mexendo nos objetos como uma sonâmbula, enquanto fazia movimentos mastigatórios com a boca. Após alguns minutos ela recobrava a consciência e não se lembrava do que ocorrera.

Solicitei uma tomografia computadorizada, que era o exame mais moderno da época, apesar de bastante precário, que não acusou nada de anormal. Não me restou outro caminho, a não ser insistir com a medicação. A paciente, pouco depois, mudou-se do Rio de Janeiro e perdi o contato com ela.

Vinte anos depois, sua mãe voltou a me procurar. Vinha acompanhada de uma mulher extremamente envelhecida, acima do peso, de olhar embaçado, sonolenta, com dificuldades para se expressar, e que tomava uma quantidade enorme de anticonvulsivantes. Era a mesma paciente, cujas crises ao longo dos anos pioraram, progressivamente, em frequência e intensidade. Ela se tornara lenta de raciocínio e quase obesa devido aos efeitos colaterais das medicações. Por causa das crises, já não podia mais ficar sozinha, sequer em casa, tendo sido obrigada a abandonar a faculdade que cursava. Desde nosso primeiro encontro, ela nunca mais fizera qualquer exame, por isso prescrevi uma ressonância magnética, recurso que não existia vinte anos antes. Para a minha surpresa, a ressonância mostrou um tumor congênito, do lobo temporal direito, envolvendo a região do hipocampo, chamado tumor neuroepitelial disembrioblástico (DNET). Esses tumores nascem com as pessoas e não evoluem. Passaram a ser diagnosticados com maior frequência após a introdução da ressonância. São conhecidos como uma das causas da epilepsia de difícil controle. Porém, o achado foi a sua sorte grande. A paciente foi operada e o tumor inteiramente removido. Ela se recuperou bem, sem sequelas, e a medicação foi retirada aos poucos. Após alguns meses, ela renasceu. Voltou ao consultório magra, com o olhar novamente vivo, sem crises, sem acompanhante, reiniciando seus estudos e projetos.

O progresso tecnológico fez toda a diferença para essa paciente.

As duas histórias que acabo de contar ilustraram crises epilépticas dos lobos temporais causadas por diferentes tumores cerebrais, um maligno e outro benigno. Mas, seja qual for a causa, as crises originadas nessa região podem gerar as mais variadas e curiosas auras, por envolverem estruturas que têm participação importante nas emoções e na memória. Quando as crises se originam nos núcleos amigdaloides, os pacientes podem ter sensações momentâneas de medo, pânico, alegria, raiva, agressividade, que duram segundos e, em alguns casos, se repetem com frequência.

O escritor russo Fiódor Dostoiévski, que era epiléptico, relatava suas crises como um momento de grande alegria. Alexei Kirilov, personagem de seu livro *Os demônios*, descreveu aqueles rápidos instantes de aura como:

harmonia eterna plenamente atingida. [...] É como se de súbito você sentisse toda a natureza [...] uma alegria. Se passar de cinco segundos a alma não suportará e deverá desaparecer. Nesses cinco segundos eu vivo uma existência e por eles dou toda a minha vida porque vale a pena.[1]

Já as auras originadas no hipocampo, estrutura relacionada à memória, costumam ser olfativas, gustativas, de déjà-vu ou "jamais-vu". As crises olfativas são aquelas que se iniciam com a sensação de um cheiro estranho, desagradável, como no caso do meu amigo, e que de fato já são pequenas alucinações. Nas crises de déjà-vu a sensação é de já ter estado naquele lugar, ou de já ter vivido aquela cena. Outros pacientes relatam a impressão de terem estado fora do seu corpo, assistindo a tudo o que se passava, mas sem poderem participar. Como espectadores de um filme do qual fizessem parte.

Quando a aura se torna uma crise maior, o paciente entra em automatismo: ele caminha, faz movimentos repetitivos como mastigar, mexer nos botões da roupa ou nos objetos sobre a mesa, tudo inconscientemente. Essas crises podem durar vários minutos, e alguns doentes, quando acordam, não sabem como foram parar em outro lugar.

As causas mais frequentes dessas crises temporais são os tumores ou a atrofia de um dos hipocampos, conhecida como esclerose hipocampal, cujo tratamento inicial é medicamentoso, mas se for ineficaz e os pacientes persistirem com crises diárias, impedindo uma vida normal, a saída é a cirurgia.

A técnica cirúrgica mais moderna e eficaz chama-se amígdalo--hipocampectomia, ou seja, a retirada da amígdala e do hipocampo doentes. Essa técnica foi desenvolvida no Hospital da Santa Casa da Misericórdia do Rio de Janeiro, pelo meu pai, como já mencionei, também dr. Paulo Niemeyer, em 1954, e é até hoje a mais utilizada no mundo para tratamento da epilepsia do lobo temporal. Parece um contrassenso retirar duas estruturas tão nobres do nosso cérebro. Mas não é, pois, nesses casos, estão degeneradas, esclerosadas, por diferentes razões, e já não têm outra função a não ser a de provocarem crises epilépticas. A cirurgia é sempre unilateral e os exames pré-operatórios mostram que o lado saudável já assumiu as funções de memória do lado doente.

Em geral, o diagnóstico da epilepsia se faz na conversa, na escuta do paciente. Os exames trazem dados e informações, mas a suspeita clínica é fundamental.

O relato, porém, pode por vezes deixar dúvida, como nos casos de histeria de conversão. Nesses doentes, o problema é emocional, mas a narrativa é muito semelhante à da crise epiléptica.

Lembro-me de um caso que atendi logo que iniciei minha carreira. Veio à consulta uma jovem de trinta anos, acompanhada do marido e dos sogros. Contou-me, com detalhes quase dramáticos, a crise que sofrera em casa, quando caíra ao chão, se debatendo e espumando. A sogra confirmava todos os detalhes e o pânico que a invadira. Sem nenhuma dificuldade, fiz o diagnóstico de crise convulsiva, solicitei exame de imagens e prescrevi uma medicação eficaz. Após cerca de trinta dias, voltaram todos ao consultório por conta de nova crise. Fiquei receoso de estar diante de um caso de difícil controle e dobrei a dose da medicação, apesar de toda a sonolência que causava. Essa situação repetiu-se por mais duas vezes, até que, finalmente, a paciente voltou sozinha para me ver e revelou:

"Dr. Paulo, amanhã estarei aqui, novamente, para outra consulta, com toda a família. Gostaria de pedir ao senhor para não aumentar, de novo, a dose da medicação, pois não a suporto mais. Meu problema não é epilepsia, é minha sogra. Moramos todos juntos, na mesma casa, e sempre que ela me chateia me jogo ao chão e simulo um ataque epiléptico. Assim, ela se assusta e me deixa em paz por uns tempos."

Fiquei estarrecido com o que ouvi e um tanto embaraçado. Essa é uma história sem maiores consequências, por ter sido simulada, pois a verdadeira paciente histérica não tem controle sobre a situação, que se acompanha de uma grande angústia e sofrimento emocional. É fundamental o diagnóstico correto, pois o tratamento é psiquiátrico, e não neurológico.

Outros relatos são ainda mais nebulosos e de difícil interpretação. Algumas pessoas descrevem, por vezes, a sensação de alguém presente, frequentemente atrás de si. O psiquiatra suíço Eugen Bleuler, em 1903, chamou esse fenômeno de alucinação extracampo, ou seja, alucinações que ocorrem fora da nossa área de percepção visual, por trás de nós, num ponto onde a visão não alcança. O fenômeno pode ser aura epiléptica ou manifestação psiquiátrica. O indivíduo tem a impressão de não estar sozinho, de que há mais alguém no ambiente, e essa sensação é acompanhada de um sentimento de proteção ou ameaça.

O neurologista inglês MacDonald Critchley relata vários casos semelhantes, alguns evidentemente epilépticos, outros nem tanto. Uma de suas pacientes, antes de cada crise, tinha a horrível sensação de que havia alguém atrás dela que a empurrava para a frente. Outra, também epiléptica, começava as crises com a impressão de inchaço da mão direita, que parecia dobrar de tamanho, acompanhada de um "espírito do mal", atrás de seu ombro. A percepção de aumento ou distorção de um membro é mais uma aura epiléptica do lobo temporal.

Critchley relatou vários outros casos de falsas presenças, sem epilepsia conhecida, como o da paciente que, sofrendo de grave distúrbio do sono, por vezes acordava no meio da noite achando que havia um intruso no quarto, o que a fazia acender a luz. Algumas vezes, essas sensações são associadas a momentos de desespero e exaustão, como relatam alguns sobreviventes de guerra.

No catolicismo é forte o conceito da companhia protetora do anjo da guarda, mostrado nas obras religiosas por trás do protegido, mas sem ser visto. Já no islamismo, o bom anjo fica atrás do ombro direito, e o diabo atrás do esquerdo. Daí a superstição de que a mão esquerda é ruim, sinistra, e não é "direita". É compreensível, portanto, encontrar explicações sobrenaturais ou religiosas para esses sentimentos de presenças, em especial quando ocorrem em momentos de pânico e desespero.

O neurologista francês Jean-Martin Charcot criou a primeira cátedra de neurologia do mundo, no hospital La Salpêtrière, em Paris, no século XIX, e dedicou grande parte de seus estudos aos casos de histeria, que atribuía a distúrbios sexuais. Seus pacientes eram apresentados em sessões clínicas monumentais, que atraíam médicos do mundo inteiro, inclusive Freud, que teve aí seu primeiro contato com histéricos e que, posteriormente, dissertou e ampliou muito o entendimento desses casos.

Atualmente, em situações de dúvida, solicitamos que o paciente faça um eletroencefalograma videoassistido. O exame é realizado num quarto com estrutura de UTI, onde tudo é filmado, e a pessoa é monitorada por eletroencefalograma contínuo. Toda medicação é suspensa, para que a crise ocorra, ainda que leve uns dias. Assim, se o exame for normal durante a crise, é porque se trata de um caso psiquiátrico.

As epilepsias crônicas, que se arrastam por muitos anos, de difícil controle são desafiadoras, pois nem sempre existem focos que possam ser removidos. Atualmente, a esperança medicamentosa reside nos canabinoides, que têm sido utilizados com relatos de sucesso nesses casos. Aqui, a cirurgia é menos eficaz e visa apenas impedir a disseminação das descargas elétricas anormais e a generalização das crises, sem pretensão de cura. Pode ser realizada a secção do corpo caloso, principal estrutura anatômica de comunicação entre os dois hemisférios cerebrais, ou mesmo a hemiesferectomia, que significa remoção ou isolamento completo de um hemisfério cerebral doente, já sem função, que serve apenas como gerador de crises. A redução do número e da intensidade delas já é considerada um bom resultado. No entanto, algumas causas de epilepsia crônica podem ser prevenidas, entre elas as parasitoses que atingem o sistema nervoso central.

Certa vez, internei um importante político que sofrera crise convulsiva. Nesses casos, como sempre, devemos pensar na possibilidade de tumor cerebral. Para minha surpresa, a tomografia e a ressonância mostraram um cisticerco em seu cérebro. Trata-se de um parasita que tem o homem e o porco como hospedeiros, e que não se espera encontrar num paciente com hábitos urbanos. Quando o caso foi divulgado na imprensa, um adversário político do paciente, que havia sido chamado por ele de maluco, declarou que poderia até ser demente, mas que não comia fezes. Ele disse isso porque a doença é transmitida ao homem pelas fezes humanas.

Apesar do aparente mau gosto desse assunto, é importante abordá-lo, pois a cisticercose é uma doença parasitária muito comum em países em desenvolvimento, como o Brasil, e quando ela atinge o sistema nervoso é chamada de neurocisticercose. Responsável por 30% dos casos de epilepsia, nas zonas endêmicas pode causar inúmeras outras complicações neurológicas incapacitantes e até mesmo a morte. É bom ressaltar que as zonas endêmicas são as áreas rurais onde se criam porcos, e incluem grandes regiões agropecuárias brasileiras, como o interior de São Paulo e Minas Gerais.

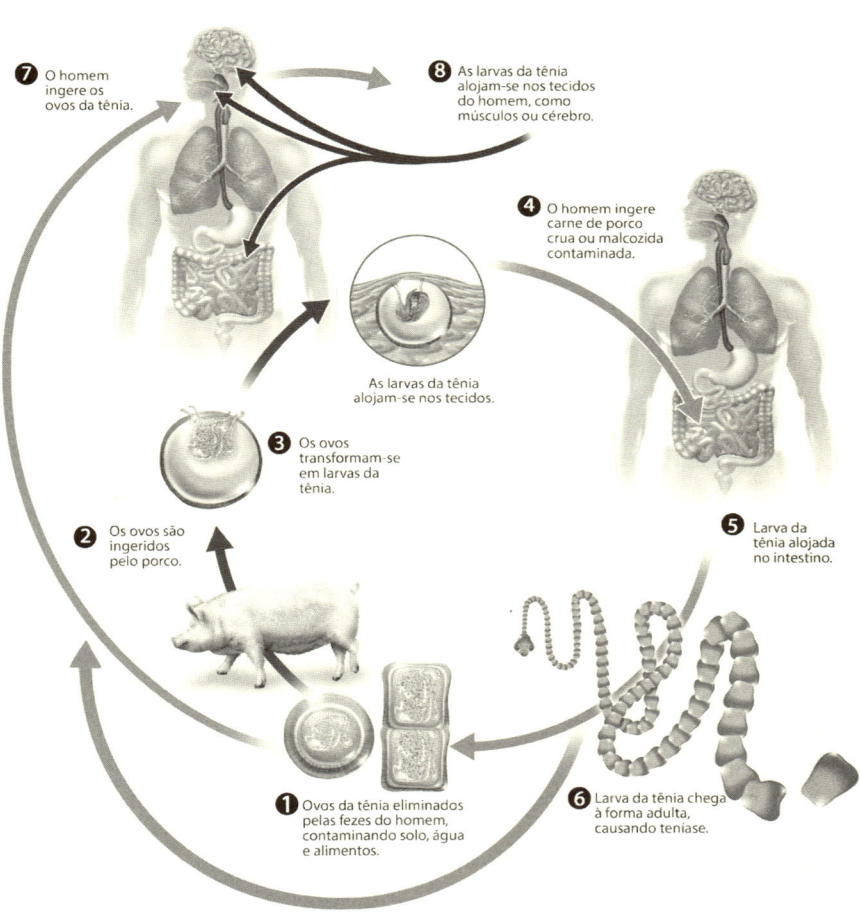

7 O homem ingere os ovos da tênia.

8 As larvas da tênia alojam-se nos tecidos do homem, como músculos ou cérebro.

4 O homem ingere carne de porco crua ou malcozida contaminada.

As larvas da tênia alojam-se nos tecidos.

3 Os ovos transformam-se em larvas da tênia.

2 Os ovos são ingeridos pelo porco.

5 Larva da tênia alojada no intestino.

1 Ovos da tênia eliminados pelas fezes do homem, contaminando solo, água e alimentos.

6 Larva da tênia chega à forma adulta, causando teníase.

Ciclo da cisticercose.

O parasita chamado *Taenia solium* tem seu ciclo de vida entre o porco e o homem, um contaminando o outro. É difícil dizer quem nasceu primeiro, o ovo ou a galinha, mas podemos começar considerando que o homem se infecta ao comer carne de porco crua ou malpassada. Se esse porco for portador da *Taenia solium*, ela será ingerida pelo homem e passará a viver em seus intestinos. Os sintomas iniciais, quando ocorrem, são inespecíficos e sem gravidade, como diarreia, constipação ou dores abdominais. Os problemas começam a partir daí, pois os ovos liberados por esses parasitas, que não são visíveis a olho nu, serão expelidos nas fezes e podem infectar, novamente, o porco ou o próprio portador, num ciclo vicioso. Se a pessoa não tiver hábitos de higiene adequados, se não lavar as mãos como deve, poderá se autoinfectar ao ingerir esses ovos ou transmitir a doença a outros humanos ao manipular alimentos.

A gravidade está na ingestão dos ovos, pois estes é que darão origem às larvas no cérebro, nos olhos, nos músculos e em outros órgãos. Legumes, frutas e folhas que foram regados com água contaminada são fontes comuns de transmissão da doença e, portanto, devem ser muito bem lavados, se possível com água clorada e vinagre, antes de serem consumidos. Voltando ao meu doente, ele certamente ingeriu alimento contaminado.

A cisticercose também é encontrada em países desenvolvidos europeus e norte-americanos, mais pela presença de imigrantes que chegam contaminados, do que pela transmissão local. Nesses países, nos centros urbanos, predominam os alimentos processados, que apesar de não serem saudáveis e levarem à obesidade são preparados com rigor sanitário e cuidados de higiene. Além disso, nas zonas rurais, os porcos são vacinados e criados em confinamento, evitando o contato com fezes humanas. Dito isso, fica claro que se trata de problema de saúde pública, e que são necessárias campanhas educativas e distribuição de vacinas aos criadores familiares, pois, segundo a Organização Mundial da Saúde (OMS), a cisticercose é a principal causa de epilepsia, passível de prevenção.

A larva é vista no cérebro pela ressonância magnética e apresenta diferentes aspectos, de acordo com a sua evolução. Enquanto está viva, aparece como um pequeno nódulo branco dentro de um cisto, que pode ser único ou múltiplo; nessa fase, o paciente costuma estar assintomático. Mas, quando a larva morre, o cisto degenera e libera toxinas que agridem o cérebro, provocando inflamação, edema, crises convulsivas, meningite, hidrocefalia e, muitas vezes, o aumento da pressão intracraniana.

Os indivíduos que habitam as áreas endêmicas geralmente estão sujeitos a episódios repetidos de infestações e apresentam múltiplos cisticercos no cérebro, em diferentes estágios de desenvolvimento. Atualmente, dispomos de tratamentos medicamentosos para neurocisticercose, mas nem sempre são eficazes. Muitos pacientes necessitam da cirurgia para remoção do cisticerco ou colocação de válvula para controle de hidrocefalia e da pressão intracraniana. A doença é grave, e eu sempre considero a possibilidade desse diagnóstico quando atendo pacientes que vêm das áreas de risco.

Tudo poderia se resolver com um pouco de higiene, estabulando os porcos e lavando as mãos.

10. O coma: Um pulo no escuro

Num final de tarde, fui chamado às pressas para atender o filho de um casal amigo, que sofrera traumatismo craniano ao cair de skate, quando descia uma ladeira íngrime e movimentada, batendo com a nuca no meio-fio. Ao chegar à emergência do hospital, encontrei o rapaz acordado, lúcido, conversando. Sua tomografia, porém, mostrava uma extensa fratura do crânio e um grande hematoma intracraniano, extradural e agudo. Esses hematomas se formam por fora da meninge e são muito graves pela rapidez com que crescem, podendo levar à morte em poucas horas, pela compressão cerebral, se não forem tratados a tempo.

Expliquei à família sobre a necessidade da cirurgia e convoquei minha equipe. Como vinha de um dia intenso de trabalho, resolvi passar em casa, vizinha ao hospital, para descansar, enquanto aguardava meus assistentes e o preparo da sala cirúrgica.

Quinze minutos depois, recebo uma ligação do plantonista dizendo que o paciente, subitamente, entrara em coma. Voei de volta ao hospital e deparei com ele ainda na sala de emergência, mas agora em coma profundo, entubado, respirando com auxílio de aparelho e já com anisocoria, que significa uma pupila dilatada e a outra normal. Prenúncio de morte iminente.

Ainda sozinho, pois ninguém de meu grupo tivera tempo de chegar, solicitei ao jovem plantonista que manipulasse o respirador e levamos o paciente correndo, literalmente, rumo ao centro cirúrgico. Chegando lá, encontramos as equipes de enfermagem em troca de plantão, o que implica sempre um horário mais agitado. Ao verem nossa aflição, os que saíam uniram-se aos que entravam e ficaram todos para ajudar.

Rapidamente, com o paciente em posição cirúrgica, mas sem qualquer anestésico, o que não fez a menor diferença já que estava em coma, sem cortar seu cabelo ou sequer lavar sua cabeça, iniciei a cirurgia. Não havia tempo a perder: se a outra pupila também dilatasse, seria o fim: ele entraria em morte cerebral.

Assim que abri seu crânio, deparei com o volumoso hematoma e uma importante rotura do seio transverso, grande veia que drena o cérebro, lesada pela fratura e sangrando abundantemente, provocando o hematoma. Retirei os enormes coágulos e o cérebro voltou a pulsar. Acho que, naquele momento, meu coração também voltou a bater. Tamponei a veia e tudo se acalmou.

Foi quando os integrantes da minha equipe começaram a chegar, estarrecidos com o que viam e assumindo suas posições — substituindo as bravas enfermeiras que tinham me ajudado a salvar aquela vida —, é que pude me preocupar com a assepsia do paciente, o risco de infecção e a presença de cabelos no campo cirúrgico.

Felizmente, o susto enorme foi recompensado com o sucesso do atendimento: o rapaz recuperou-se progressivamente, e hoje continua um esportista, grande campeão de golfe.

Nem todos os casos, entretanto, são gratificantes e têm um final feliz como esse. Tudo vai depender da gravidade das lesões que se dão no momento do trauma.

Em outra ocasião, fui acordado de madrugada para atender um homem de 45 anos que se acidentara gravemente ao voltar de uma festa, tendo perdido o controle de seu carro e chocado-se fortemente contra um muro. Chegando ao hospital, encontrei o paciente em coma, já entubado, com múltiplas fraturas. De imediato, foi levado ao setor de tomografia, que revelou várias áreas de contusões hemorrágicas, em ambos os hemisférios cerebrais. O lado esquerdo estava pior, com extenso edema que inchava esse hemisfério, desviando as estruturas.

Decidi, então, fazer uma craniotomia descompressiva daquele lado, o que significa retirar grande parte da calota craniana para permitir a expansão do cérebro que se encontrava inchado e apertado dentro do crânio, que é uma caixa óssea rígida. O que costuma tirar a vida dos pacientes, nessa situação, é a elevação da pressão intracraniana. Por isso é preciso, via cirurgia, criar espaço para o cérebro expandir. Se isso não for feito, a pressão dentro do crânio poderá se tornar mais elevada do que a pressão arterial, e o coração não terá força suficiente para fazer o sangue penetrar no cérebro. Quando isso ocorre, o paciente evolui para morte cerebral.

Decisões em casos como esse envolvem sempre muita tensão pois, em geral, os acidentados são jovens, as famílias estão desesperadas e o tempo para agir é curto. Trata-se não apenas de salvar uma vida, mas também de tentar reduzir as possíveis sequelas. Se a hipertensão intracraniana persistir, surgirão novas lesões decorrentes da redução da circulação sanguínea e, consequentemente, uma isquemia cerebral.

Enquanto reunia minha equipe, o paciente era preparado para a cirurgia. Após a abertura ampla do crânio e da meninge, que é a membrana que envolve o cérebro, este expandiu-se, como um cogumelo liberto que não cabia mais dentro de sua caixa. A meninge retraiu-se, tornando-se impossível aproximar suas bordas, como quando se tenta fechar uma calça apertada na cintura. Protegi o cérebro com um substituto artificial de meninge e suturei o couro cabeludo, enquanto era possível ver a pulsação cerebral, a cada batimento cardíaco. Guardei o osso embaixo da pele da parede abdominal, para ser reutilizado no fechamento do crânio dali a algumas semanas, quando o cérebro desinchasse. A calota retirada também pode ser guardada num banco de ossos, quando disponível.

Com a pressão intracraniana controlada, o próximo passo era reduzir o metabolismo cerebral por alguns dias, mantendo o paciente em coma induzido. Menor atividade cerebral equivale a menos necessidade de glicose e oxigênio, portanto há menor risco de sofrimento das áreas edemaciadas, que estão mal irrigadas.

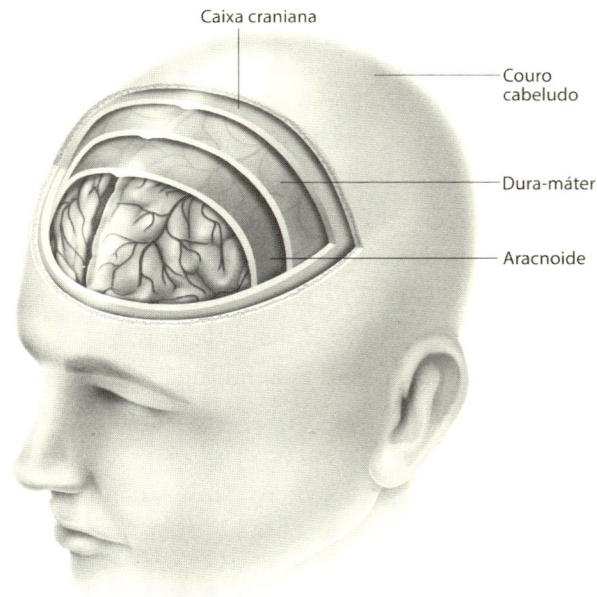

Caixa craniana.

103

O tratamento dos acidentados exige paciência e pulso firme pois, em geral, são politraumatizados, o que implica em vários especialistas participando do caso, como clínicos, ortopedistas, buco-maxilos e, naturalmente, neurocirurgiões. É preciso que alguém lidere o grupo médico, que dê a última palavra, mantendo, assim, a equipe coesa, com harmonia nas decisões do dia a dia, pois são comuns as infecções respiratórias e outras intercorrências clínicas num paciente invadido por múltiplos tubos e cateteres. A dificuldade é ainda maior quando se trata de paciente famoso, pois todos no hospital querem ver, saber, participar e ajudar.

Em 1988, o *New England Journal of Medicine* publicou o artigo "The Emergency Care of the VIP Patient" [O tratamento emergencial do paciente VIP]. O termo VIP — acrônimo de "*very important person*" — foi cunhado por Winston Churchill para designar pessoas com muito prestígio ou influência, especialmente altos dirigentes com direito a privilégios especiais. O texto comentava que os hospitais estavam preparados com protocolos para atender grandes catástrofes, mas não para receber pessoas famosas, cuja presença cria outros tipos de problema. Referia-se também à "síndrome VIP", que é quando o tratamento é prejudicado pela importância do paciente, ocasionando mudanças de atitudes nas condutas médicas.

O artigo se referia às dificuldades ocorridas no atendimentos ao presidente americano Ronald Reagan, em 30 de março de 1981, quando foi baleado e uma multidão de curiosos na sala de emergência dificultou sua ressuscitação inicial. Dificuldades também foram relatadas nos socorros ao papa João Paulo II e ao senador americano Robert Kennedy, ambos também baleados e com a imprensa instalada dentro do hospital.

O caso do senador Kennedy é emblemático, pois os repórteres postaram-se na porta do CTI para onde ele havia sido levado, inicialmente, para os primeiros socorros. Constatada a necessidade iminente de cirurgia, os médicos tiveram que recorrer ao elevador de serviço e adotar um caminho tortuoso entre os andares para chegarem ao centro cirúrgico a salvo.[1] No Brasil, muitos se lembram do que se passou com o presidente Tancredo Neves, quando não conseguiram conter a entrada de autoridades e curiosos no centro cirúrgico, resultando, pelo que se supõe, na infecção que se tornou fatal.

Voltando ao nosso caso, é difícil afirmar, de início, a gravidade das sequelas neurológicas que poderão advir de um trauma. Esses acidentados costumam despertar do coma no decorrer da segunda semana de internação, quando começam a abrir os olhos. Uma definição prática e simplificada do coma estabelece que esses pacientes não abrem os olhos, não emitem sons e não atendem ao comando verbal. Baseado nessa definição, neurologistas da Universidade de Glasgow criaram uma tabela, chamada de Escala de Coma de Glasgow, que vai de três a quinze pontos, em que três identifica o coma mais profundo, quando o paciente não abre os olhos, não emite sons e não tem resposta motora, ou seja, não mexe os braços ou pernas mesmo diante dos estímulos dolorosos. Já os quinze pontos indicam que o paciente encontra-se lúcido, com todas as respostas presentes. Essa escala tirou a subjetividade do exame clínico pois, ao examinarem um mesmo paciente, o que alguns médicos chamavam de sonolência, outros consideravam torpor, além de várias outras diferenças de interpretação. A escala tornou-se o meio de comunicação internacional dos neurologistas quando se referem a um paciente em coma. No trauma leve, a escala varia de treze a quinze; no moderado, de nove a doze, e no grave, de três a oito pontos.

Nosso acidentado chegou ao hospital com quatro pontos e quando abriu os olhos, ganhou mais três. A abertura ocular é o primeiro e mais esperado sinal de despertar.

Infelizmente, 5% desses traumatizados não passarão disso: abrem os olhos, mas jamais voltarão a se comunicar ou interagir. Por muitos anos, foram ditos pacientes em coma vigil, por estarem de olhos abertos mas sem qualquer comunicação com o mundo. A partir de 1972, criou-se um consenso em chamá-los de pacientes em estado vegetativo, expressão cunhada pelo neurocirurgião britânico Bryan Jennett juntamente com o neurologista americano Fred Plum, em artigo conjunto na revista *Lancet*. Basearam-se na definição de "vegetar" do dicionário Oxford: "viver meramente a vida física, desprovida de atividade intelectual ou interação social".

Foi o que ocorreu com meu paciente. No decorrer da segunda semana abriu os olhos, o que foi muito festejado como primeiro passo para seu retorno, mas nunca passou disso. Semanas, meses e anos se foram e nenhum outro sinal de comunicação. Esse é o fantasma que ronda os traumatizados do crânio. Não há como prever qual paciente evoluirá dessa forma. Por vezes, a tomografia é normal, mas o doente está em coma devido às chamadas lesões axonais difusas, que são microlesões que não teriam valor individualmente, mas que, somadas, levam à desconexão de áreas cerebrais importantes. Nesse caso, além das contusões hemorrágicas e do edema, que foram vistos e tratados, certamente havia também lesões axonais difusas, quanto às quais não há nada a ser feito.

Para que o paciente tenha consciência de si, antes de tudo ele precisa estar acordado. Isso depende de uma rede de neurônios localizada no tronco cerebral chamada de formação reticular ascendente. Esses neurônios estimulam todo o córtex cerebral bilateralmente, como um holofote voltado para cima, iluminando a copa de uma árvore. Esse estímulo mantém o paciente desperto e vigilante, com o córtex energizado e alerta. Quando há uma lesão do tronco cerebral que envolve a formação reticular ascendente, o córtex fica adormecido, por falta de estímulos, e não é capaz de conscientizar as informações que recebe. E o paciente não acorda.

A formação reticular, portanto, funciona como um interruptor, que liga e desliga as atividades do córtex cerebral. O mesmo se passa durante uma anestesia geral, quando o bloqueio medicamentoso da formação reticular interrompe sua atividade despertadora. Durante o sono, há também uma desativação desse sistema, por fadiga das sinapses ou fatores hormonais, impedindo assim a chegada de estímulos ao córtex.

A formação reticular, além de ser responsável pelo estado de vigília, integra e seleciona os estímulos que deverão chegar ao córtex, conduzindo assim a nossa atenção. Por exemplo, se eu disser que estamos com os pés no chão, passaremos a senti-los de imediato. Assim, uma informação que, normalmente, não necessita ser conscientizada é filtrada pela formação reticular. Ainda que possamos fazer duas ou três coisas ao mesmo tempo, como dirigir, falar ao celular e ouvir música, apenas uma é conscientizada de cada vez, daí o perigo do uso do celular ao volante.

Nos pacientes em estado vegetativo, esse sistema encontra-se preservado, pois estão alertas e muitos têm seu ritmo de sono e vigília presentes. Como se dizia anteriormente, estavam em coma vigil, com os olhos abertos. Nesses casos, o que leva ao coma são as múltiplas lesões axonais que desconectaram as várias áreas cerebrais umas das outras, impedindo a conscientização de si mesmo e do meio que o cerca. Os estímulos da formação reticular e as informações não chegam ao córtex e não circulam.

A experiência mostra que os estados vegetativos pós-traumáticos podem reverter em até um ano, período em que são chamados de estado vegetativo persistente. Depois disso, passam a se chamar estado vegetativo permanente, quando já não há possibilidade de reversão.

Lembro-me de uma jovem de dezoito anos com traumatismo craniano, acidentada havia 45 dias quando fui chamado a participar do caso. Ela não acordava, mas mantinha os olhos abertos, em estado vegetativo. Foi dito à família que se tratava de situação definitiva, o que gerou desespero e determinou que ouvissem outra opinião, no caso a minha. Eu não podia afirmar nada naquele momento, mas apostei na paciente, na sua juventude e dei esperança a todos. Um mês depois, a jovem começou a dar sinais de presença, voltando a se comunicar progressivamente. Após um ano, com apenas alguma dificuldade motora no lado esquerdo do corpo, fez vestibular para medicina. Não passou, mas foi aprovada no ano seguinte. Esse caso foi uma lição para mim. Devemos apostar sempre no doente e nunca na doença.

Os exames modernos de ressonância magnética permitem fazer um mapeamento das áreas motoras e da linguagem, pois quando uma região do cérebro entra em atividade há um aumento do aporte sanguíneo para essa região, e isso pode ser identificado pela imagem. Durante o exame, solicita-se ao paciente que ele apenas pense estar mexendo o membro superior direito, por exemplo, e aquela área cerebral responsável pelo movimento se acenderá como uma lâmpada. O mesmo pode ser feito para mapear as áreas da linguagem. Basta que o paciente pense estar dizendo uma frase que essa área será identificada.

Esse procedimento tem sido utilizado em trabalho de pesquisa, na Bélgica, para saber se existe comunicação com enfermos em estado vegetativo. Alguns desses pacientes estão em estado minimamente consciente, e ainda que consigam compreender alguma coisa, não conseguem se comunicar, por estarem paralisados. Durante o exame, é perguntado se podem entender o que está sendo dito ou se têm alguma dor. Se a resposta for "sim", a instrução é de que pensem estar mexendo a mão direita, e se for "não", a mão esquerda. Dessa maneira, foram encontrados vários pacientes diagnosticados como estando em estado vegetativo mas que na realidade estavam minimamente conscientes, apenas impossibilitados de se expressar. A situação é dramática e sem solução, por enquanto.

11. O tronco cerebral:
O pilar da vida

Como já vimos, o tronco cerebral é uma estrutura anatômica vital para estimulação da atividade encefálica. Localizado abaixo dos hemisférios, ele faz a conexão entre estes e a medula espinhal. É a grande via de passagem para todas as informações que sobem ao cérebro ou que descem para o corpo. Abriga também os núcleos que originam os nervos cranianos, que totalizam doze pares, responsáveis pela sensibilidade e movimentação dos olhos, da face, da língua, pela deglutição, pela audição e pelo labirinto. Entre eles, está o famoso nervo vago, o décimo par craniano, que se estende para todos os órgãos e exerce atividade parassimpática do sistema nervoso autônomo, sobre o qual não temos mando, estimulando ou inibindo cada um desses órgãos autonomamente.

Existe uma integração entre esses núcleos, o que faz com que funcionem de maneira harmoniosa. Assim, os olhos se movimentam em conjunto, de maneira simétrica, sem que tenhamos que tomar conhecimento disso. Quando essa harmonia se desfaz, surge o estrabismo e a consequente diplopia, ou seja, a visão dupla. O mesmo se dá com os movimentos da língua e a deglutição, que dependem de nervos diferentes, mas que trabalham em parceria.

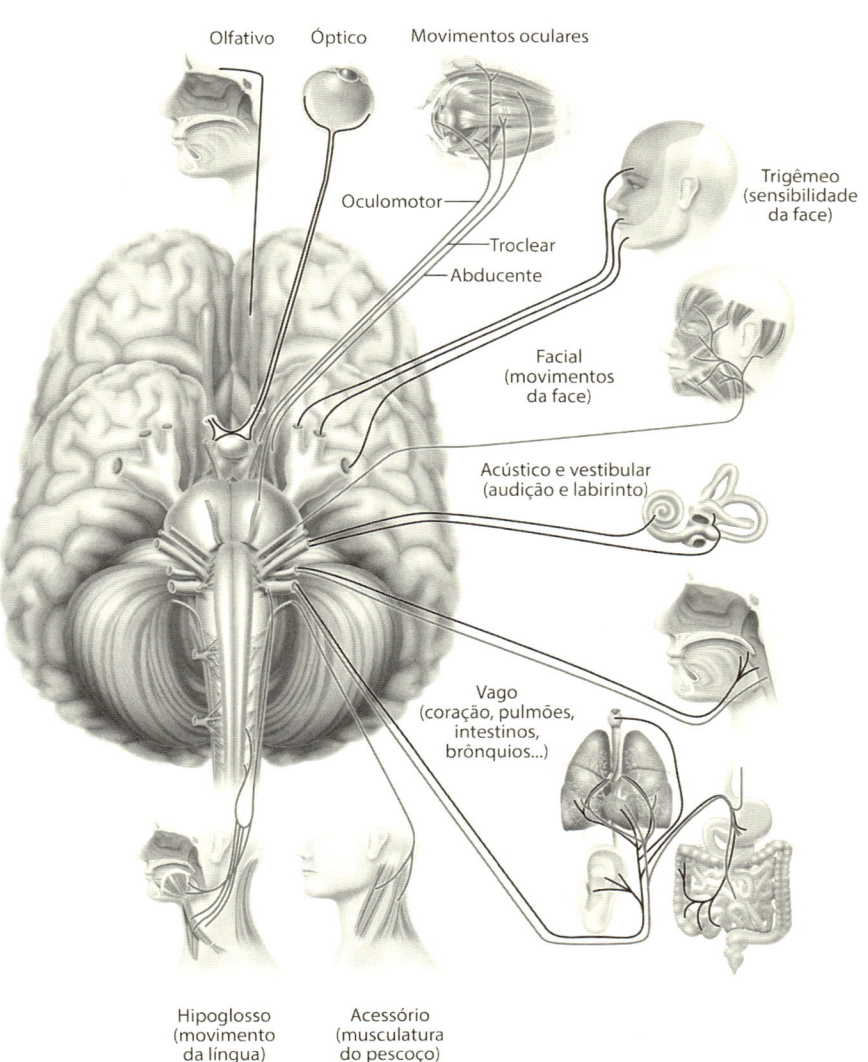

Olfativo Óptico Movimentos oculares

Oculomotor

Troclear

Abducente

Trigêmeo
(sensibilidade
da face)

Facial
(movimentos
da face)

Acústico e vestibular
(audição e labirinto)

Vago
(coração, pulmões,
intestinos,
brônquios...)

Hipoglosso
(movimento
da língua)

Acessório
(musculatura
do pescoço)

Nervos cranianos.

O vago é um nervo misto, com funções sensitivas e motoras, que se distribui pelo corpo, participando do controle das cordas vocais, das contrações cardíacas, dos movimentos respiratórios, do esôfago e dos intestinos. Em função disso, as lesões do nervo vago vão desde uma rouquidão e dificuldade de deglutição até alterações na pressão arterial e nos batimentos cardíacos. São muito conhecidas as chamadas síncopes vagais, quando, num momento de emoção, a hiperexcitação do vago pode provocar uma queda de pressão súbita, resultando num desmaio.

O tronco cerebral, portanto, abriga centros regulatórios fundamentais da vida vegetativa, que juntamente com a formação reticular e o hipotálamo orquestram nosso organismo, como um maestro, sem que tenhamos consciência ou possamos intervir. Os centros respiratórios, por exemplo, comandam nossa respiração automática, o que nos permite dormir tranquilos, sem medo de parar de respirar. Por isso, o indivíduo pode viver sem os hemisférios cerebrais, como uma planta, em estado vegetativo, mas não pode permanecer vivo sem o tronco cerebral.

O tronco cerebral encontra-se numa cavidade do crânio chamada de fossa posterior, que corresponde, aproximadamente, à região da nuca. Dele saem os nervos cranianos, sobre os quais falei acima, que fazem uma pequena passagem pela fossa posterior, antes de atingirem seu destino. Nesse pequeno trajeto, de não mais do que um ou dois centímetros, podem nascer tumores nas células de Schwann, que formam a capa desses nervos e são chamados schwannomas, sendo o mais frequente o schwannoma vestibular, também conhecido como tumor do acústico, que nasce dentro do conduto auditivo interno, canal ósseo por onde passam os nervos auditivos, o nervo vestibular e o facial, dirigindo-se à face. O sintoma mais comum é a perda progressiva da audição, muitas vezes com zumbido. Hoje, sabemos que os zumbidos surgem em decorrência da perda auditiva. Quanto maior a perda, maior o zumbido. Apesar de considerados tumores benignos, os schwannomas precisam ser tratados, pois atingem grandes volumes e passam a comprimir outros nervos, incluindo o tronco cerebral e ameaçando a própria vida.

Um dos desafios da cirurgia, nesses casos, é salvar o nervo facial, que costuma estar envolvido pelos tumores maiores. Portanto, quanto mais volumosa for a massa tumoral, maior a dificuldade de sua preservação. Sua lesão provoca a paralisia da face, resultando em desvio da boca e impossibilidade de fechar os olhos, lembrando alguém vítima de AVC. Ainda que isso possa parecer apenas um problema estético, menos importante diante do risco de morte, conviver com paralisia facial é muito difícil.

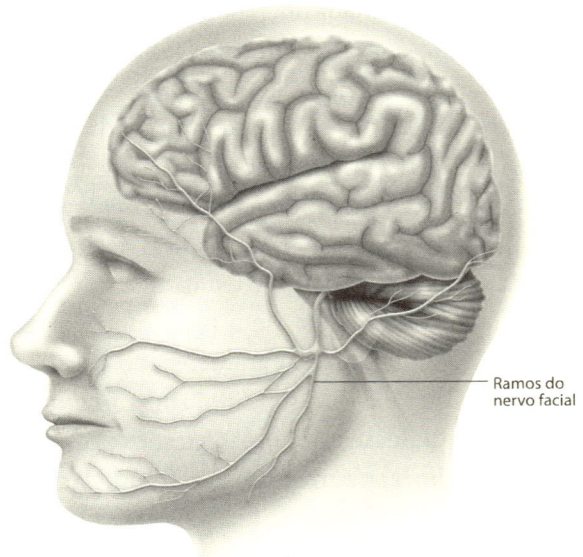

Ramos do nervo facial

Lembro-me de uma paciente que operei de um volumoso tumor do acústico, já com desequilíbrio, provocado pela compressão do tronco cerebral. Foi uma cirurgia longa, cansativa, em que o tumor foi todo removido e a paciente, curada. Ela voltou a caminhar bem, sem desequilíbrio. Entretanto, não foi possível salvar seu nervo facial, o que resultou em paralisia do lado direito da face. Num primeiro momento, ela aceitou bem o resultado, não deu maior importância e iniciou a fisioterapia. Alguns meses mais tarde, sem melhora da paralisia, numa consulta de revisão, comentou:

"Doutor, se eu soubesse que era assim, preferia ter ficado com o tumor."

Eu, que esperava o reconhecimento por ter salvo sua vida, tive a péssima sensação de que todas aquelas horas de cirurgia estressante e exaustiva tinham sido em vão. A paciente não estava feliz, pois, em sua percepção, ocorrera o contrário: era como se eu tivesse acabado com a sua vida.

Refleti muito sobre o episódio e compreendi perfeitamente o seu drama.

Desde então, mudei completamente minha maneira de ver esses casos. Para estar vivo, não basta respirar. É preciso também ter autoestima, olhar no espelho e estar feliz consigo mesmo. Num mundo de aparências, ter um aspecto de "normalidade" é importante para qualquer um. Eu, influenciado pelos congressos médicos e tudo o que havia aprendido, tinha como prioridade a remoção completa desses tumores. Mas, depois dessa experiência, passei a valorizar a preservação do nervo facial: piorei minhas estatísticas e melhorei, infinitamente, a satisfação dos meus pacientes. A partir de então, passei a conversar com cada um antes da cirurgia sobre a possibilidade de não retirar todo o tumor, caso isso fosse necessário para salvar o nervo. Praticamente todos passaram a escolher essa opção, mesmo que pudessem vir a precisar de radioterapia ou de nova cirurgia no futuro. E, para minha grata surpresa, observei ao longo dos anos que esses pequenos resíduos tumorais tendiam a desaparecer, descartando a necessidade de outros tratamentos.

Atendi outra mulher, de uns quarenta anos, também com volumoso tumor do acústico. Exímia internauta, sabia de todos os riscos cirúrgicos, especialmente do facial. Muito simpática e espirituosa, com largo sorriso, me disse logo:

"Doutor, ainda não casei e não posso ter uma paralisia facial de jeito nenhum!"

Achei graça e prometi que faria o possível para salvar seu nervo facial, ainda que tivesse que deixar um resíduo de tumor. Era difícil imaginar aquela moça de belo sorriso, com a face paralisada, a boca desviada, sem brilho nos olhos. Por tudo isso, é muito bom quando o paciente participa das decisões. No seu caso, consegui remover todo o tumor com seu facial preservado. Fiz minha parte para o seu projeto de casamento.

Atendi um rapaz que acabara de ser aprovado em concurso público para policial e tivera diagnosticado um volumoso tumor do acústico. Ele já estivera com outro médico, que o alertara para a grande possibilidade da paralisia facial pós-cirúrgica. Durante a consulta, me recomendou:

"Doutor, meu sonho desde garoto é ser policial. Fui aprovado no concurso e devo ser chamado para assumir minhas funções nos próximos meses. Como poderei vestir meu uniforme e andar pelas ruas com uma paralisia facial? Como os cidadãos vão me ver?!"

Combinamos, então, de deixar a cápsula do tumor, se necessário. A cirurgia correu muito bem, decidi deixar a cápsula do tumor, como combinamos, e o facial foi preservado. Já se vão muitos anos sem que o tumor tenha voltado. Ele ficou feliz, e eu também. Esse é mais um caso em que a paralisia facial acabaria com os sonhos de uma vida. Esses exemplos ilustram a grande importância da estética no psiquismo, na vida social e profissional. Nunca raspo a cabeça dos pacientes. Lembro-me de duas pacientes que ficaram tão abaladas ao fazerem a tricotomia do couro cabeludo em preparo para a cirurgia que seus aneurismas romperam e elas entraram em coma. Depois disso, passamos a cortar o cabelo com o paciente já anestesiado e, posteriormente, abandonamos por completo o corte. Além de ser estigmatizante, reduz a autoestima e pode impedir o retorno às atividades profissionais durante meses. Lembro-me de uma paciente inglesa, disciplinada, que, querendo colaborar, raspou a cabeça por conta própria na véspera da cirurgia. Ficou decepcionada, pois não fazíamos mais aquilo. Em duas semanas estava recuperada, com seus dois aneurismas clipados, e liberada para a vida normal, mas a calvície deixava sua cicatriz à mostra, o que a constrangia. Por mais grave que tenha sido a cirurgia, procuro suturar a pele de maneira a ter o melhor resultado estético possível. O paciente, ingenuamente, avalia se foi bem operado pela cicatriz que vê quando se olha no espelho. Se está bonita, sente que foi bem tratado e que está a caminho da cura.

12. Os lobos parietais e nossa autoimagem

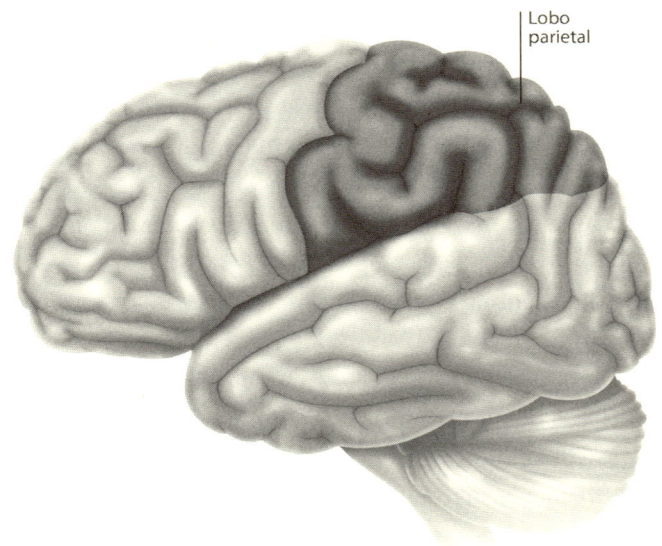

Lobo
parietal

Vez por outra, no consultório, somos surpreendidos por algo a respeito do qual já lemos, mas que nunca vimos pessoalmente. O exame neurológico começa quando a porta se abre, pelo que chamamos de ectoscopia, isto é, o aspecto do paciente. Muitos diagnósticos são feitos nesse momento. Certa ocasião, recebi um senhor que, à primeira vista, me pareceu bem. Ele não tinha em sua ectoscopia nada que chamasse a atenção. Após uma rápida introdução, perguntei o que o trouxera à consulta, e ele então me disse: "Não tenho controle sobre meu braço esquerdo. Ele se movimenta sem que eu perceba, e não me obedece."

Apesar de não haver uma diferença evidente entre os braços, constatei então que ele tinha grande dificuldade em executar com a mão esquerda o que fazia com a direita. O braço e a mão esquerda se movimentavam espontaneamente, mas de maneira independente de sua vontade e de seu conhecimento, não sendo o homem capaz de realizar nenhuma tarefa complexa com essa mão. Sentia como se o braço não fosse seu. Tratava-se de um caso típico da rara síndrome da mão alienígena, decorrente de lesão dos lobos parietais. Existem também variações dessa síndrome, com movimentos mais complexos, quando outras áreas cerebrais estão envolvidas.

Um bom exemplo é o famoso caso da americana Karen Byrne, que foi submetida, aos 27 anos, à cirurgia para controle de epilepsia generalizada, que lhe causava quedas súbitas e frequentes. Ela foi tratada com uma técnica cirúrgica para secção do corpo caloso, estrutura que conecta os dois hemisférios, fazendo com que as informações circulem rapidamente. Sua secção separa os hemisférios cerebrais, tornando-os independentes. Isso impede a propagação da crise epiléptica de um hemisfério ao outro e, por vezes, a controla. A interrupção desses feixes nervosos, entretanto, não ocorre sem riscos e pode originar síndromes desconectivas, principalmente quando envolvem os lobos parietais, que foi o que ocorreu com Karen Byrne. Ela desenvolveu uma forma grave de mão alienígena chamada de síndrome da mão anárquica. Não conseguia mais controlar sua mão esquerda. Enquanto abotoava a camisa com a mão direita, a esquerda desabotoava. Colocava o cigarro aceso no cinzeiro e a mão esquerda o apagava. Por vezes, era estapeada pela mão esquerda, sem controle dela. Há relatos de pacientes cujas mãos anárquicas tentaram estrangulá-los durante a noite.

Assim, as cirurgias para secção do corpo caloso ajudaram a compreender o funcionamento cerebral, e esses procedimentos continuam a ser feitos até hoje em situações extremas, mas com maior conhecimento de seus riscos.

As síndromes desconectivas, ou do cérebro dividido, decorrem da impossibilidade de transferência de informações de um hemisfério para o outro. Portanto, um estímulo que é recebido pelo hemisfério esquerdo não será do conhecimento do direito. Se um objeto é colocado na mão esquerda do paciente, essa informação chegará apenas ao hemisfério direito, e ele não conseguirá identificá-lo e nomeá-lo. Para dar essa resposta, ele precisaria trocar o objeto de mão, para que o hemisfério esquerdo, que abriga a linguagem e é o dominante, fosse informado.

A dominância de um hemisfério cerebral é exclusiva do *Homo sapiens*, causada pelo surgimento da linguagem. Consequentemente, o hemisfério que a abriga define a mão dominante e comanda a palavra. Assim, ao contrário dos animais, as lesões parietais em humanos terão consequências diferentes se ocorrerem à esquerda ou à direita.

Assim como os lobos frontais, os parietais também tiveram grande crescimento no *Homo sapiens* quando comparados aos humanoides, representando extensas áreas anatômicas nas porções médias do cérebro, entre os lobos frontais e os occipitais. Um sulco horizontal os divide em parietal superior e inferior, com complexa integração entre os dois. O parietal inferior é uma grande área de associação de diferentes regiões do cérebro, integrando estímulos sensitivos do mundo exterior e do próprio organismo. Funciona como um *hub* cerebral, que recebe e distribui voos e conexões. Nada escapa ao lobo parietal. Associando informações visuais, táteis e auditivas, ele nos permite saber o tamanho de um objeto, sua forma, distância e direção. Informa-nos a postura, a posição de cada braço e das pernas, em tempo real, sem auxílio da visão. Essas informações são transmitidas e utilizadas pelas áreas motoras, para planejamento dos movimentos, do andar e do equilíbrio.

Já o lobo parietal superior, ciente dessas informações, participa do processo de formação de nossa imagem corporal. Lesões nessa região ou a sua desconexão do restante do cérebro levam a um distúrbio da percepção corporal, possibilitando o surgimento da síndrome da mão alienígena. Isso pode ocorrer em acidentes vasculares cerebrais, tumores ou doenças degenerativas.

Nosso lobo parietal direito é mais dedicado às funções visuoespaciais, nos permitindo caminhar pelos lugares aos quais estamos habituados, como a nossa casa, sem nos perdermos. Pacientes com lesão nessa região são incapazes de se localizar espacialmente, e têm dificuldade até de chegar ao próprio quarto.

Além dessa desorientação, por vezes esses doentes apresentam também uma desatenção tátil, que implica uma negligência com o lado do corpo correspondente à lesão. Assim, quando solicitados a descreverem um cenário que lhes é conhecido, como a vista de sua janela, apesar de terem uma visão normal, relatam apenas um dos lados, pois há uma desatenção no campo visual, que corresponde à lesão. O mesmo se passa com a sensibilidade corporal, que é normal quando examinamos cada lado do corpo individualmente. Mas se tocarmos, ao mesmo tempo, ambos os braços, por exemplo, o doente perceberá apenas um toque.

O lobo parietal esquerdo tem maior participação na linguagem, na elaboração das palavras e na associação delas com o desempenho manual, que permite a escrita. Outra função dessa área são os cálculos matemáticos, que dependem das conexões inseparáveis entre números e espaço. Os números foram concebidos pelo homem, em consequência do surgimento do pensamento abstrato, que permitiu a representação espacial, possibilitando o pensamento matemático em seus aspectos elementares, como a noção de medidas, até a realização dos cálculos mais sofisticados. Assim, o paciente que sofre um AVC envolvendo a região inferior do lobo parietal esquerdo, mais especificamente no giro angular, vai apresentar a síndrome de Gerstmann, que consiste na impossibilidade de fazer cálculos, discernir entre lado direito e esquerdo e nomear dedos.

Algumas lesões que afetam os nervos periféricos ou a medula, como em consequência da sífilis, podem interromper a via de transmissão das informações do corpo ao cérebro. Em decorrência disso, os pacientes não sabem a posição de seus pés e a que distância eles estão do chão, necessitando da visão para auxiliar a marcha, e por isso são incapazes de caminhar no escuro, por exemplo.

No caso das lesões dos lobos parietais ocorre o contrário. As informações que vêm das extremidades do corpo chegam ao cérebro, mas não são reconhecidas. Chamamos de anosognosia o não reconhecimento da doença pelo paciente.

Tive um caso inesquecível, de uma idosa que sofrera um acidente vascular cerebral, envolvendo o lobo parietal direito. Ela compareceu ao meu consultório, em cadeira de rodas, com o lado esquerdo do corpo paralisado, acompanhada pelo marido e auxiliada por um cuidador. Parecia agressiva, dirigindo-se ao marido todo o tempo com frases mal articuladas e difíceis de compreender. Ele, muito aflito com toda a situação, me disse:

"Doutor, estou vivendo um inferno que não sei como resolver. Preciso da sua ajuda. Somos casados há cinquenta anos e mantivemos relações sexuais diárias durante todo esse tempo. Depois que minha mulher sofreu o derrame e ficou hemiplégica, há seis meses, naturalmente deixamos de ter relações, mas ela não entende o que se passa e me agride o tempo todo, dizendo que arranjei outra. Já cansei de explicar que ela está doente, mas ela não aceita, diz que não tem doença nenhuma e insiste em me acusar de infidelidade."

Tratava-se, sem dúvida, de uma sequela de lesão do lobo parietal. Como resolver? Sem solução.

Ainda mais grave é a síndrome de heminegligência, em que o paciente não reconhece um lado de seu corpo são, e por isso deixa de lavar, barbear e vestir essa metade não percebida.

Os lobos parietais, em especial o direito, são também responsáveis por nossa imagem corporal: como nos vemos, como achamos que somos, seja na parte física ou na imaginária. Na parte física, eles nos permitem saber, apenas ao olhar, se cabemos numa poltrona ou se podemos passar por uma porta aberta, sem precisar medi-la. Quando dirigimos, incorporamos o carro à nossa imagem corporal, como se fosse um paletó, e, só de olhar, sabemos se ele cabe na vaga ou se entra na garagem. Assim, o cego incorpora a bengala que o auxilia a caminhar, e quando ela toca o chão o que ele sente é a ponta dela no solo, identificando suas irregularidades, como se fosse uma extensão de seu corpo. O mesmo acontece com a pinça do cirurgião, que se torna extensão de sua mão e seus dedos. Essa possibilidade de o cérebro perceber para além de seu corpo é chamada de "mente estendida".

A imagem que temos de nós mesmos também é função dos parietais. Porém, é menos precisa, já que influenciada por nossa vaidade e outros fatores culturais. Grandes museus exibem autorretratos de artistas famosos, muitos de uma época em que não existia a fotografia. Se repararmos, eles raramente correspondem à realidade: é irresistível se retratar mais jovem e atraente. Essas pinturas eram feitas com auxílio de espelhos, momento em que temos a expressão que desejamos, relaxamos a face, atenuamos as rugas e não incorporamos todas as caretas de expressões do falar, rir e se comunicar.

Na peça *Salomé*, de Oscar Wilde, escrita em 1891, o personagem Herodes Antipas, em diálogo com sua enteada Salomé, diz: "deveríamos olhar apenas para espelhos, pois estes só nos mostram máscaras".[1]

Marcel Proust, no volume "No caminho de Guermantes" de *Em busca do tempo perdido*, comenta sobre a distância entre a imagem que fazemos de nós próprios e a realidade que não enxergamos, o choque que levamos se alguém por descuido nos revela, apontando para um quadro: "Isto é você". Os lobos parietais são camaradas em relação à nossa autoimagem.

13. Os mistérios da dor

A dor é uma das queixas neurológicas mais frequentes nos consultórios médicos e vão das populares dores de cotovelo às de causas orgânicas. Como não aparece em exames, o diagnóstico decorre sempre da conversa, sendo preciso ouvir o paciente com atenção, já que cada dor tem seu ritmo, suas características e idades mais frequentes em que ocorre. Assim, quem sofre de enxaqueca ou nevralgia do trigêmeo, por exemplo, costuma ter exames normais, mas as dores são descritas de maneira tão típicas que não deixam dúvidas quanto ao diagnóstico. Se ouvirmos dez pacientes com nevralgia do trigêmeo teremos a impressão de que o relato foi combinado, previamente, entre eles. A história é a mesma: paciente acima de sessenta anos com dor que se assemelha a um choque elétrico na face, de grande intensidade, desencadeada pelo falar ou pelo que chamamos de zona de gatilho, em geral na asa da narina ou no lábio, que não pode ser tocado.

A nevralgia do trigêmeo é considerada a pior das dores, se é que é possível graduá-las, e ela existe apenas nos seres humanos. Durante muitos anos, foi tratada com a secção do nervo. Assim, trocava-se a dor pela dormência na face, como uma anestesia de dentista permanente. Diante do sofrimento atroz, o paciente aceitava qualquer tratamento que acabasse com aquele desespero de 220 volts. A face anestesiada, porém, além de extremamente desagradável, trazia outros transtornos, como morder o lábio sem perceber ou mesmo a perda da visão, pois a córnea ficava à mercê de ciscos ou de qualquer outra coisa que pudesse agredi-la.

Com a introdução do microscópico cirúrgico, observou-se que os pacientes com essa nevralgia apresentavam uma compressão do nervo, em sua origem no tronco cerebral, por pequenas artérias normais, que se tornavam tortuosas com a idade. O grande avanço foi perceber que o simples afastamento dessas artérias era suficiente para eliminar a dor, sem a necessidade de seccionar o trigêmeo. A partir de então, esse passou a ser o tratamento cirúrgico de preferência, por evitar a dormência da face.

Sempre tive muito interesse por esse assunto, desde o início de minha carreira, e fiz minha tese de doutorado sobre a nova cirurgia para descompressão do trigêmeo. Por coincidência, um dos mais importantes neurologistas do Brasil fazia parte da minha banca examinadora e sofria de nevralgia do trigêmeo havia anos, já mal controlada pelas medicações. Receava cortar o nervo, mas ao me assistir defendendo a nova técnica decidiu-se pela cirurgia.

Eu era muito jovem e operar um ícone da minha área era uma imensa responsabilidade, que ainda não havia experimentado. Por precaução, solicitei a meu pai que estivesse presente. O crânio foi aberto atrás da orelha, como de praxe nesses casos, e foi utilizado o microscópio que aumentava em várias vezes as pequenas e profundas estruturas que estavam sendo manipuladas. Tudo corria bem até o momento em que, chegando à raiz do trigêmeo, deparei com uma variação anatômica que jamais vira. O que fazer? Como resolver? Minha primeira reação foi perguntar a meu pai. Ele, sem contrair um músculo da face, me disse:

"Não sei, o paciente é seu, você resolve."

Fiquei surpreso e por vários minutos pensativo, observando o achado e avaliando as alternativas. Fiz o que me pareceu melhor e o resultado foi excelente, em todos os aspectos. O professor ficou sem dor e feliz, e eu cortei o "cordão umbilical profissional" que ainda mantinha com meu pai.

Quando ouvimos uma descrição de dor atípica, temos dificuldade em fazer o diagnóstico, e raras vezes os exames ajudarão. Lembro-me de uma paciente que se sentou à minha frente segurando um livro, cujo título eu não conseguia ler. Ela me relatou uma dor que não se parecia com nenhuma das que eu conhecia. Começava no braço, mudava de lado, subia para a cabeça, descia para a perna e por aí vai. Eu já considerava aquilo um quadro emocional quando ela, subitamente, virou o livro e pude ver a capa: *Doze pistas falsas*. Confirmou minha suspeita, e tive vontade de perguntar pelas pistas verdadeiras.

Por vezes, me vem à cabeça como devia ser a vida antes da anestesia e dos analgésicos. Artistas dos séculos XVII e XVIII retrataram pacientes desesperados, sendo operados ou extraindo dentes a frio, amarrados ou contidos. Noah Gordon, em seu livro *O físico*, relata a vida de um rapaz inglês no século XI que trabalhava como assistente de um barbeiro, como eram chamados os cirurgiões da época. Faziam os atendimentos de maneira itinerante, de vilarejo em vilarejo, corrigindo fraturas, realizando amputações, retirando tumores, tudo à base de um gole de álcool, quando muito. As descrições, ainda que fantasiosas, relatam o sofrimento intenso desses pacientes.

Felizmente, a anestesia surgiu em 1846, quando o dentista William Thomas Green Morton mostrou a eficácia do éter como anestésico em um operado no Hospital Geral de Massachusetts, em Boston. Pela primeira vez, uma cirurgia foi feita sem dor. Os relatos descrevem o cirurgião John C. Warren e todos os demais médicos presentes de smoking ao redor do paciente, sem luvas ou aventais. A causa das infecções era desconhecida até então. Ao final da cirurgia em que foi retirado um tumor do pescoço e em que não houve nenhuma manifestação de dor, o cirurgião Warren voltou-se para a plateia estupefata e disse:

"Senhores, isto não é uma encenação."

Por mais incrível que possa parecer, houve grande resistência à difusão da anestesia, pois muitos a consideravam uma fraude. O cristianismo exaltava o martírio e o sofrimento como remissores dos pecados, e os clérigos viam na anestesia uma afronta às leis da natureza e de Deus, especialmente nos partos, pois, no Antigo Testamento, ao expulsar Eva do Paraíso, Deus a condenara a ter filhos na dor.

Alheia à controvérsia e já tendo experimentado o sofrimento do parto por sete vezes, a rainha Vitória foi anestesiada para o nascimento de seu oitavo filho, introduzindo assim a anestesia na Inglaterra. Seu médico, o dr. John Snow, passou a se dedicar exclusivamente ao assunto, tornando-se o primeiro especialista em anestesia no mundo. Snow publicou vários trabalhos e contribuiu bastante para a criação da especialidade.

Logo em seguida, em 1884, surgiu na Áustria a anestesia local à base de cocaína, e em 1930 a anestesia venosa com barbitúricos. Ainda no final do século XIX, descobriu-se que havia, por todo o corpo, terminações nervosas cutâneas específicas para os vários tipos de sensibilidade, como ao calor, ao frio, à pressão e à dor. Essa novidade ia de encontro à teoria da fisiologia da dor, de René Descartes, datada do século XVII, que separava a mente do corpo e avaliava a fisiologia corporal do ponto de vista puramente mecanicista. O que significava que apenas a alma humana seria dotada de sensibilidade e consciência, e que ela transcenderia o corpo, estando conectada a ele através da glândula pineal. Ironicamente, ainda hoje não é bem definida a função dessa glândula, que se localiza no centro do cérebro. Foi assim que Descartes tentou explicar como duas substâncias tão diferentes, como a alma e a matéria, se integrariam na percepção da dor. Sua teoria da especificidade da dor considerava que receptores periféricos enviariam mensagens ao centro de dor no cérebro através de uma única via, e que a sua simples interrupção deveria aboli-las. A teoria de Descartes, ainda que sem nenhuma experimentação, influenciou a neurologia por mais de dois séculos.

Desde então, a dor foi considerada mecanismo de defesa do organismo, e mais tarde observou-se que podia ser bloqueada com os anestésicos que surgiam. A dor do ser humano, entretanto, é muito mais complexa do que a dor estudada em animais de laboratório. Hoje, sabemos que a secção das vias que conduzem o estímulo doloroso pode criar novas dores, ainda mais complexas: as chamadas dores neuropáticas ou de deaferentação, como veremos no caso que vou relatar a seguir.

Atendi em meu consultório uma jovem de trinta anos que tivera seu membro inferior esquerdo amputado acima do joelho, em consequência de um acidente ocorrido havia três anos. Desde então, ela sofria de dores lancinantes na perna esquerda, justamente a que não tinha mais. A situação, que já era dramática, ficava ainda pior com a dor fantasma. Casos como esse ilustram a importância do cérebro na produção da dor e do sofrimento. No ponto de amputação de um membro, os nervos que foram seccionados formam cicatrizes nervosas que chamamos de neuromas e que produzem estímulos sensitivos anormais, mal interpretados pelo cérebro como dor, no território original desses nervos, no caso, na perna que não existia mais.

As dores fantasmas são de difícil solução. Nesse caso, a paciente foi submetida a uma cirurgia na medula espinhal, na tentativa de interromper a chegada desses estímulos patológicos ao cérebro. A técnica cirúrgica consistiu em lesionar a zona de entrada da raiz dorsal (DREZ, na sigla em inglês), interrompendo algumas conexões do sistema nervoso periférico com o sistema nervoso central, no ponto onde as raízes nervosas sensitivas entram na medula.

Essa moça teve um bom resultado, o que nem sempre ocorre. Mas as dúvidas que ficam são: por que apenas alguns pacientes amputados têm dor fantasma? Por que a dor, em alguns desses pacientes, não é permanente nem diária? Como bem disse René Leriche, professor e cirurgião francês do início do século XX:

toda sensação é, por definição, um fato psíquico, o resultado da transformação de um influxo nervoso, originado na periferia, por um estímulo mecânico. [...] A dor é um fenômeno puramente subjetivo e estritamente individual, que não existe por si própria, fora de nós.[1]

Atualmente, com os estudos neurofisiológicos e as ressonâncias magnéticas funcionais, a rede de estruturas anatômicas cerebrais que participam da dor está bem mapeada, no que se chama de "matriz da dor". A atividade dessa matriz é responsável pela intensidade e pelo desconforto ou sofrimento produzido pelos estímulos dolorosos. Fazem parte dessa rede o córtex somatossensitivo, o córtex da ínsula e o córtex da porção anterior do giro cíngulo, além de áreas pré-frontais e parietais.

A dor aguda é aquela que é recente, como a de um paciente que sofre uma fratura, tem uma hérnia de disco ou um cálculo renal, por exemplo. Ela é muito diferente da dor crônica, prolongada e constante, muitas vezes sem um território bem definido e origem aparente. No primeiro grupo, uma intervenção que trate a causa, corrigindo a fratura, removendo a hérnia ou retirando o cálculo renal, resolve a dor, porque existia um fator anatômico para ela. O grande desafio está nos pacientes com dor crônica. Aquela que persiste após a cirurgia ou o tratamento da doença, ou mesmo aquela que surge sem que se saiba o porquê. Essa dor já não tem a função de alertar que algo vai mal no organismo — ela virou a consequência de um desajuste fisiológico e a própria doença, como dizem os franceses, "la douleur maladie". Em geral, essa dor não tem um trajeto anatômico definido, e o paciente a descreve com uma grande riqueza de adjetivos: difusa, profunda, em vez de à flor da pele, constante. Como nunca melhora, ela tem um componente psíquico associado, acompanhado com frequência de depressão, insônia, irritabilidade e, consequentemente, afastamento das atividades cotidianas.

A nevralgia pós-herpética é um exemplo de dor crônica. É persistente, permanente, com sensação de queimação e ardência, e ocorre na mesma região em que se manifestou o herpes-zóster, já curado. Acompanha também uma hiperestesia, uma hipersensibilidade de pele, que provoca sensação desagradável ao ser tocada, dificultando até mesmo o uso de roupas. Ainda que se conheçam os mecanismos fisiopatogênicos da dor herpética, não há medicação eficaz. Felizmente, apenas alguns pacientes persistem com a dor crônica após a cura do herpes, parecendo haver um perfil psíquico depressivo que predispõe a perpetuação da dor. Teriam esses pacientes uma estrutura cerebral diferente, propícia à dor crônica?

Quando não encontramos a causa da dor ou se ela é atípica, tendemos a acreditar que tenha um fundo psicológico. No final do século XIX, Pierre Janet, neurologista francês que trabalhava com Charcot, cunhou a expressão "la belle indifférence", para caracterizar a despreocupação do histérico diante de sua condição clínica aparentemente grave. O paciente apresenta uma cegueira ou uma paralisia recente, por exemplo, e não demonstra preocupação, sugerindo que possa ser uma manifestação emocional, ou melhor, histérica. Com a dor pode se dar o mesmo: a queixa é de dor intensa, insuportável, mas não parece haver nenhum sinal de sofrimento, apenas uma bela indiferença.

A psicanálise é importante para tratar esses pacientes que, muitas vezes, têm doenças da alma camufladas em sintomas físicos. Podem estar vivendo frustrações que precisam exteriorizar, por isso transformam a dor no aspecto mais importante de suas vidas, seja por masoquismo ou pelo ganho secundário da doença — as aparentes vantagens e atenções que passam a receber por conta dela.

Lembro-me do que me disse uma paciente com dor lombar crônica, difusa, com irradiação para membros inferiores de maneira atípica, sem uma causa aparente e sem resposta aos tratamentos:

"Doutor, lá em casa todos se preocupam comigo e vivem em função da minha dor."

Pensei no que aconteceria se a dor passasse...

A psicanálise pode ajudar os pacientes com dores crônicas, pois existe uma evidente desorganização emocional, como causa ou consequência da dor, que é responsável pelo sofrimento. A dor é pessoal e intransferível, e o sofrimento depende do estado psíquico de cada um. Há pacientes que convivem com grandes dores de maneira conformada e há outros que sofrem aos primeiros estímulos. Para compreender e interagir com esses casos, é importante que os médicos também sejam analisados.

Como já disse no início do livro, a lobotomia pré-frontal também foi usada para o tratamento da dor em pacientes com câncer terminal, retirando, assim, seu componente emocional. Quando indagados no pós-operatório, eles informavam que a dor continuava, contudo não os incomodava mais.

Algumas pessoas nascem, curiosamente, com a chamada assimbolia à dor, que é a insensibilidade genética de senti-la, o que, a princípio, é uma bênção, pois elas não sabem o significado de enxaqueca, nevralgia, dor de dente ou otite. Como identificá--los, já que não se queixam do que nunca sentiram? Em geral, essas pessoas são diagnosticadas na infância, quando começam a se machucar em atividades cotidianas, como engatinhar, sem reclamação. Ao longo dos anos, podem também apresentar automutilações involuntárias, roendo a ponta dos dedos, mordendo os lábios ou a língua.

Há um caso emblemático na medicina de um famoso artista de vaudevile americano, Edward Gibson, do início do século XX. Ele protagonizava um tipo de show popular de variedades de grande sucesso, em que uma série de atrações eram levadas ao palco, como cantores, dançarinos, imitadores, animais adestrados, circos de horrores e outras. Gibson, que se apresentava como "O Homem Almofada de Alfinetes", convidava pessoas da plateia a espetá-lo profundamente, com exceção do abdome e virilha, pelo risco de perfurar uma artéria. Submetia-se a múltiplas lesões perfurantes simultâneas, sem reação de dor. O auge da carreira de Gibson deu-se quando ele sugeriu que o crucificassem. Foi erguida uma cruz de madeira no palco, e preparados quatro grandes cravos de ouro. Um voluntário cravou uma de suas mãos, mas, antes que fizesse o mesmo com a segunda, o show foi interrompido devido aos desmaios de espectadores.

Acredita-se que haja dois grupos de pacientes com indiferença congênita à dor: aqueles que não apresentam nenhuma alteração nas vias que conduzem o estímulo doloroso, de modo que o distúrbio é cerebral, e aqueles em que esse mesmo estímulo não é transmitido ao cérebro, de modo que se especula que esses pacientes têm uma produção anormalmente elevada de endorfina, que bloqueia a transmissão da dor.

A hipnose, que foi muito utilizada por Charcot e depois por Freud, também pode ser útil para reduzir o desconforto à dor. Desconhece-se o seu mecanismo de ação e não se sabe o porquê de algumas pessoas serem mais suceptíveis a ela do que outras, mas há inúmeros relatos na literatura médica de cirurgias complexas que foram realizadas sem anestesia, apenas com a hipnose. Em comparação com a dor crônica, a dor aguda tem menos componentes emocionais, por isso a sugestão hipnótica pode ser mais eficaz em seu bloqueio. Basta lembrar as operações que já foram realizadas e as demonstrações de bloqueio da dor em shows de hipnose e nas chamadas cirurgias espirituais.

Pude assistir a um vídeo de três amigos que foram operados de doenças sérias por um renomado "cirurgião espiritual". Transbordava um clima de fé ao longo da fila de pessoas doentes, mas esperançosas e confiantes naquele homem e em seus poderes, proporcionando um ambiente altamente sugestivo. Ele aparentava domínio sobre todos e assegurava a cada um, com muita firmeza, que a cirurgia seria indolor. Era uma evidente sugestão hipnótica, aceita sem resistência por força do clima de cega credulidade.

A cirurgia, efetivamente, não passava do subcutâneo. Algumas bolas de gordura eram retiradas com a mão e nada mais do que isso. Todos os três voltaram para casa com suas doenças e, posteriormente, um teve que operar de fato o coração, o outro, as varizes e o terceiro, a tireoide. O que é realmente interessante, no entanto, é que naquela fila havia um menino com paralisia cerebral, que caminhava com auxílio, alheio ao que se passava e, portanto, imune à sugestão, o que o impedia de ser hipnotizado. Por isso, quando o bisturi cortou seu couro cabeludo sem anestesia, ele urrou desesperadamente, obrigando a interrupção do "procedimento". A mágica é para quem acredita em magia.

Estudos com ressonância magnética funcional em pacientes hipnotizados mostraram que a matriz da dor é toda estimulada, em especial o córtex do giro cingulado anterior, que é relacionado à parte afetiva. Apesar de toda a complexidade que envolve seu tratamento, nada é mais gratificante para o cirurgião do que uma cirurgia de dor bem-sucedida, em que ele foi capaz de retirá-la com as mãos.

Recentemente, fui chamado para ver a filha de um amigo que, subitamente, sentira um desconforto intenso no braço direito, enquanto escrevia. Uma dor mal definida, um misto de queimação com ardência, sem localização precisa, que piorou rapidamente,

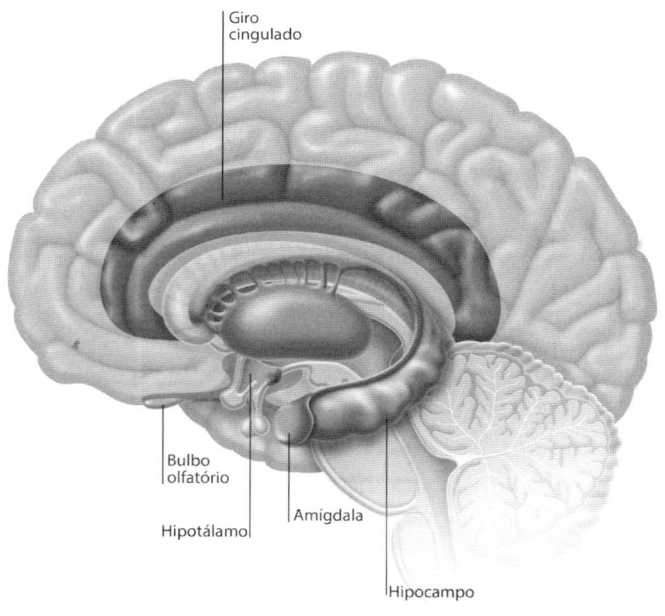

tornando-se insuportável. A jovem foi levada à emergência do hospital, e sua mão encontrava-se seca, fria, pálida e ligeiramente edemaciada. Ela não conseguia mexê-la e não suportava que fosse tocada. Era quase impossível examiná-la. Constatei que se tratava de uma distrofia simpático-reflexa, e que a única alteração encontrada em sua ressonância era uma malformação congênita da base do crânio, chamada de Arnold-Chiari, que acompanha um estiramento da medula espinhal, mas que não costuma se manifestar dessa maneira. Recomendei que fosse feito o bloqueio anestésico do gânglio estrelado, no pescoço.

O sistema simpático participa do equilíbrio da vida vegetativa do organismo e é responsável, nos braços, pelo controle da sudorese e da dilatação das veias, podendo produzir sintomas iguais aos da menina. Já o gânglio estrelado é um núcleo de passagem dos nervos do simpático para os membros superiores. Ao anestesiá-lo, a dor desapareceu de imediato, a mão se aqueceu, voltou à cor normal e a se movimentar. Mas durou pouco.

Nos dias seguintes foram necessários novos bloqueios, porque a dor voltava em períodos cada vez mais curtos. O sofrimento da paciente era enorme, passando a ser necessária a injeção regular de morfina. A tensão aumentava com o sofrimento da menina. Decidi operar a malformação de Chiari, ainda que sem garantia de resultado. Foram duas cirurgias. Inicialmente operei a coluna lombar, seccionando o filum terminale, que é uma estrutura fibrosa, como um cordão, que fixa a medula espinhal ao sacro. Em algumas crianças esse cordão impede o deslocamento da medula durante o crescimento e provoca a tração, para baixo, das estruturas cerebrais.

Liberada a medula, a menina acordou muito melhor, com grande redução da dor. Animado com o resultado, completei o tratamento na semana seguinte, com nova cirurgia, dessa vez no outro extremo da coluna, para corrigir a malformação da base do crânio, resultante da tração prolongada.

Desapareceu a dor. A felicidade da paciente e da família contagiou a todos nós.

14. A hipófise ou a glândula mestra

Primavera em Nova York, sete horas da manhã, aeroporto lotado de passageiros chegando de todas as partes do mundo, rostos anônimos, etnias diversas. Nada que me chamasse de imediato a atenção, até cruzar com um gigante. Era um homem de aspecto primitivo, com dois metros de altura, forte como um búfalo americano, com feições marcadas, extremidades enormes, mãos, queixo, nariz. Era impossível não reparar, pois era o maior gigante acromegálico que eu já vira.

Para um leigo, seria apenas um homem enorme, mas para um neurocirurgião tratava-se de um paciente com tumor da glândula hipófise, tumor esse produtor de hormônio do crescimento. A doença com certeza já se encontrava presente desde a adolescência. Mesmo eu, que via e operava tantos casos semelhantes, jamais havia deparado com alguém parecido. Passei a segui-lo pelo aeroporto, impressionado com todos os estigmas da doença.

Ao final do dia, já no quarto do hotel, com a televisão ligada ao acaso num canal que mostrava as divertidas lutas livres simuladas com gladiadores fantasiados, me chamou a atenção o anúncio da próxima luta, que seria estrelada pelo "Monstro da Montanha".

Reconheci-o. Era ninguém menos que nosso gigante do aeroporto, envolto em peles de animais, o que o tornava ainda mais espetacular e ameaçador. Fora a Nova York para a luta. Usava sua doença para ganhar a vida. Mais um exemplo de ganho secundário da doença.

Como eu disse, esses pacientes são portadores de tumores que nascem na hipófise e que produzem hormônio do crescimento em níveis elevados. Também chamada de pituitária, a hipófise é uma pequena glândula, de um centímetro, que fica alojada na base do crânio, numa estrutura óssea conhecida como "sela turca". Apelidada de "glândula mestra", ela é por sua vez comandada pelo hipotálamo, estrutura cerebral que orquestra nossa vida vegetativa, tais como nossos batimentos cardíacos e o funcionamento dos intestinos.

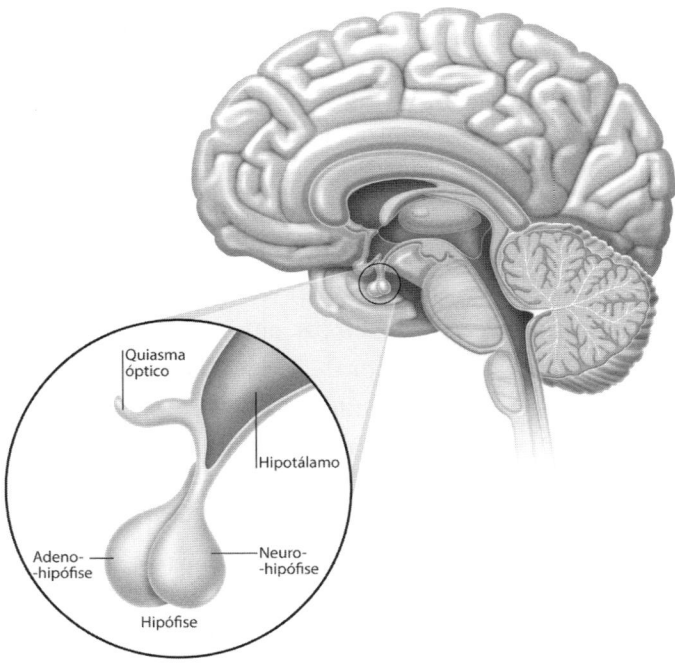

Hipófise e hipotálamo.

A hipófise é composta por diferentes tipos de células, e cada grupo produz um hormônio específico, como cortisol, prolactina e o hormônio do crescimento (GH). Assim, dependendo do tipo de célula em que nasce o tumor, haverá produção em excesso do hormônio correspondente, resultando em quadros clínicos característicos, como o gigante, a mulher barbada, o homem que secreta leite e o branco que ficou negro.

O gigantismo ocorre quando o tumor produtor de GH surge na adolescência, o que faz o jovem disparar a crescer. Se a doença aparecer tardiamente, na vida adulta, depois do fechamento das epífises ósseas, provocará um crescimento das extremidades e se chamará acromegalia. O queixo vai tornar-se saliente ou prognata, o nariz, os lábios, as mãos e os pés crescerão, a voz ficará mais rouca, os anéis não sairão mais dos dedos e os sapatos ficarão apertados. Esse é um diagnóstico que os especialistas podem fazer na rua, ao depararem com um acromegálico, mas para os que convivem com um, por exemplo, é difícil perceber essas lentas transformações. Por vezes, recebo pacientes com queixas diversas que nunca perceberam as modificações físicas que sofreram.

Foi o que aconteceu quando entrou em meu consultório um senhor com acromegalia avançada. O diagnóstico foi feito ao abrir a porta. Esperei que sentasse e, antes de qualquer coisa, perguntei: "Como vai a sua hipófise?"

Para minha surpresa, ele disse que ela ia muito bem e que seu problema estava na coluna. Calei-me e fiz toda a consulta, voltada para sua queixa. Ao final, expliquei que seu real problema era a elevação da taxa do hormônio do crescimento, produzido por um tumor da hipófise, que lhe causava a acromegalia com toda sua plêiade de sintomas, inclusive as dores lombares. O diagnóstico lhe causou grande espanto e resistência, já que seu melhor amigo, com quem tinha estreita convivência, era também neurocirurgião e nunca havia mencionado a doença. Expliquei, então, que assim como ele, o amigo também se habituara com as lentas transformações que sofrera.

Solicitei as dosagens hormonais e ressonância magnética da sela turca, que confirmaram a suspeita. Só após o diagnóstico é que muitos se dão conta do porquê de os sapatos terem ficado apertados e se surpreendem ao se confrontarem com fotografias de anos antes.

O tratamento é cirúrgico, com auxílio do endoscópio, abrindo-se a base do crânio através da narina. Às vezes, me perguntam como é possível retirar um tumor por um orifício tão pequeno, e respondo que pelo buraco da fechadura podemos ver a lua. Os tumores volumosos são removidos por aspiração ou por partes, de pouquinho em pouquinho. Os maiores são mais difíceis de curar, já que invadem estruturas vizinhas e não se consegue sua remoção completa. Entretanto, nos pequenos, a cura é provável, ainda que não desapareçam todas as deformidades adquiridas. Operei uma jogadora profissional de basquete que ficou curada do seu tumor e dos níveis elevados de GH, mas continuou gigante e fazendo muitas cestas pela seleção brasileira.

A prolactina é um hormônio também produzido pela hipófise, que tem a função de estimular o crescimento das mamas e a produção de leite, e que se encontra em níveis elevados ao final da gravidez e no pós-parto. Quando a mulher tem um tumor da hipófise, produtor de prolactina, a elevação desse hormônio reproduzirá os mesmos sintomas, chamados de amenorreia e galactorreia, que são a interrupção da menstruação e a produção de leite, simulando um período de amamentação. Esse quadro é acompanhado de redução da libido e infertilidade.

Nos homens, a elevação da prolactina provoca a redução da testosterona e a consequente diminuição da libido, além de provocar ginecomastia, que é o aumento das mamas, e galactorreia. Como vemos, a hipófise confirma o dito popular de que tamanho não é documento, pois, com apenas um centímetro, seu mau funcionamento é devastador.

Os tumores produtores de prolactina, chamados de prolactinomas, são os únicos que atualmente podem ser tratados apenas com medicação oral. Durante muitos anos, sua remoção cirúrgica era o único tratamento, visando à correção dos níveis hormonais e à restauração da fertilidade. Fiquei contente quando uma das primeiras pacientes que eu operei de prolactinoma, e que não conseguia engravidar, voltou para me ver com um bebê no colo. Para expressar sua gratidão, ela chamou-o de Paulo, o que me deixou muito feliz.

A meu ver, dos tumores hipofisários, o mais grave é o que produz o hormônio adrenocorticotrófico (ACTH), que estimula as glândulas suprarrenais a secretar cortisona. A isso chama-se de doença de Chusing, mesmo nome do neurocirurgião americano que a descreveu, em 1932. Os pacientes apresentam aumento de peso, estrias, giba, rosto de lua cheia, perda de massa muscular, com pernas e braços finos e abdômen saliente, hipertensão arterial, diabetes... enfim, todas as alterações que sofre quem toma cortisona.

Esses tumores, assim como os produtores de GH, são de difícil cura, pois dependem de muitos fatores, como tamanho e invasão das estruturas vizinhas. Alguns pacientes podem desenvolver quadro psicótico, por isso devem ser operados rapidamente, antes que isso ocorra. Testemunhei casos dramáticos. Por duas vezes, assisti a pacientes que surtaram, já internados e aguardando cirurgia, e que se jogaram pela janela do hospital. Ambos faleceram. Todos os que lidam com essa doença já vivenciaram situações semelhantes. A cirurgia também é feita pelo nariz, e, quando se obtém a cura, os estigmas da doença desaparecem, com exceção das estrias.

Antes dos anos 1970, para operar esses pacientes era preciso abrir o crânio. Os diagnósticos eram mais difíceis, já que não existiam as dosagens hormonais nem os exames de imagens de que dispomos atualmente. Eles eram identificados somente pelo quadro clínico e pelas deformações que apresentavam, e, por vezes, com auxílio de raio x simples do crânio. Como na época a cirurgia por via craniana era de maior risco, por vezes retiravam-se as glândulas suprarrenais, que são estimuladas pela hipófise a produzirem a cortisona. Era uma opção de tratamento, pois reduzia de imediato os níveis desse hormônio, ainda que permanecesse o tumor pituitário. Entretanto, num complexo mecanismo de feedback, ou retroalimentação, a falta da cortisona acabava por estimular o crescimento do tumor, pois a hipófise, informada da escassez desse hormônio no organismo, aumentava sua produção de ACTH para estimular a suprarrenal, formando um ciclo vicioso.

Outra consequência do aumento do ACTH é a elevação da produção de melanina, resultando na hiperpigmentação da pele e, consequentemente, no seu escurecimento. Até hoje, vemos casos esporádicos, na mídia, de pessoas que retiraram as glândulas suprarrenais e mudaram de cor. A doença é conhecida como síndrome de Nelson, e deve ser tratada com a remoção do tumor da hipófise.

A hipófise e o hipotálamo formam uma dobradinha bem afinada no controle do nosso organismo, através dos hormônios e do sistema nervoso autônomo. O excesso de hormônios é problemático, mas sua falta também. O hipopituitarismo, ou seja, o funcionamento insuficiente da hipófise, com a baixa produção hormonal que acarreta, leva a quadros clínicos que já vimos e cuja razão por vezes não sabemos, como crianças que não crescem e não têm puberdade, chegando à idade adulta com aspecto infantil. Muitos se popularizam em anúncios comerciais.

Desde estudante trabalhei na Santa Casa da Misericórdia do Rio de Janeiro, instituição de mais de quatrocentos anos, cujos pacientes eram carentes e cujos médicos trabalhavam sem remuneração. Até 1988, quando foi promulgada a atual Constituição Brasileira, existiam dois tipos de pacientes no Brasil: os que tinham carteira profissional assinada, o que lhes dava direito ao atendimento pelo Instituto Nacional de Assistência Médica da Previdência Social (Inamps), e os que trabalhavam de maneira informal, nas cidades ou no campo, e não tinham carteira profissional nem direito a qualquer seguro social. Eram os chamados indigentes, que dispunham apenas das Santas Casas para atendê--los, por caridade. Com a nova Constituição, essa categoria de desassistidos sociais desapareceu, pois a saúde tornou-se "direito de todos e dever do Estado". Foi criado o Sistema Único de Saúde (SUS), um dos maiores projetos de inclusão social do mundo.

Antes de 1988, recebíamos na Santa Casa pacientes sem recursos, que vinham de todos os cantos do país, sem direito a nada, à procura de boa vontade. Lembro-me de uma mãe chegada do interior do Amazonas trazendo seu filho, que tinha um tumor intracraniano que crescia na região da hipófise e do hipotálamo. Como os nervos ópticos estão próximos, frequentemente nesses casos há perda visual associada, podendo chegar à cegueira. Esse jovem, que já perdera 50% da visão, tinha dezoito anos, mas aparentava ter dez, pois era pequeno, com corpo e rosto de criança, imberbe e com voz fina. Tinha um craniofaringeoma, tumor de origem congênita, que já comprometera sua hipófise, o hipotálamo e os nervos ópticos. Trata-se de uma doença grave, pois leva à morte se não for controlada. Ele ainda não entrara na puberdade por deficiência hormonal, e era um menino em todos os aspectos. Conversei muito com a mãe sobre a gravidade do quadro, a necessidade da cirurgia para salvar sua visão e da reposição hormonal na sequência, para que ele crescesse e se desenvolvesse como o homem que já deveria ser. A conversa foi muito bem até aquele momento, quando a mãe arregalando os olhos me perguntou: "Doutor, com esses hormônios ele vai ter interesse em mulheres?" Fiquei contente ao ver que ela compreendera a doença, pensando que ficaria satisfeita com minha resposta afirmativa. Mas qual não foi minha surpresa quando ela me respondeu de imediato que não estava de acordo, pois não criara o filho para que outras mulheres o levassem. Meu queixo caiu, não podia acreditar no que ouvia! Mas ela falava sério, pediu a alta hospitalar e voltou com seu eterno menino para o Amazonas. Aprendi uma grande lição: para ter saúde não basta ter um SUS, é preciso ter instrução.

O hormônio do crescimento foi isolado na década de 1950. Inicialmente era extraído da hipófise de cadáveres e utilizado apenas para auxiliar o crescimento das crianças com deficiência hormonal, sendo sua obtenção dificílima. É preciso dizer que esses casos não têm relação com o nanismo acondroplásico, que é uma doença genética. Os adultos com deficiência hipofisária têm o aspecto e o físico de crianças impúberes. A partir dos anos 1980, foi disponibilizado o GH sintético, de fácil obtenção, facilitando sua reposição e fazendo com que esses casos praticamente desaparecessem.

O reverso da moeda é a puberdade precoce, tão ou mais dramático para a família quanto a impuberdade. Alguns casos devem-se a malformações do hipotálamo, conhecidas como hamartomas, massas que se assemelham a tumores e causam ativação do eixo hipotálamo-hipofisário. Meninas menstruam antes dos oito anos e meninos têm aumento dos testículos, pelos, barba e libido. Naturalmente, há um descompasso entre a maturidade física e psicológica.

Operei uma dessas crianças, um verdadeiro adulto aos nove anos, musculoso, com voz grossa e órgãos genitais plenamente desenvolvidos. Tinha um hamartoma envolvendo a porção inferior do hipotálamo. Foi uma cirurgia grave, mas bem-sucedida, complementada com tratamento endocrinológico para inibir o eixo hipotálamo-hipofisário e a excessiva produção hormonal.

São tantas e tão complexas as manifestações patológicas da hipófise e do hipotálamo que surgiu uma nova especialidade médica: a neuroendocrinologia, resultante da necessidade do trabalho conjunto do endocrinologista e do neurocirurgião.

Certa vez, operei um volumoso craniofaringeoma da região hipotalâmica numa jovem de aproximadamente trinta anos que perdia a visão rapidamente. O hipotálamo fica na parte central inferior do cérebro, e para alcançá-lo é necessário uma craniotomia frontal. Com auxílio do microscópio cirúrgico, dissecamos e abrimos caminho por baixo do lobo frontal. Para salvar a visão não é necessária a remoção completa da massa tumoral, bastava retirar o suficiente para descomprimir os nervos ópticos. Se o tumor não for totalmente removido, a recidiva é certa, portanto, ele só é benigno se for todo retirado, caso contrário será necessário radioterapia e deverá ser sempre acompanhado. Como esses tumores, em geral, ficam muito aderidos ao hipotálamo e por vezes o invadem, o risco de sequela é grande se forçarmos a remoção radical.

Voltando à nossa paciente, achei que valia o risco, pois estávamos a poucos milímetros da retirada total e da cura. Assim foi feito. Nesses momentos solitários de decisão, não temos como acordar o paciente e consultar a sua vontade. A escolha é do cirurgião, baseada na confiança mútua desenvolvida nos encontros pré-operatórios. A cirurgia salvou sua vida, e a paciente curou-se, porém desenvolveu um distúrbio alimentar por comprometimento do hipotálamo e tornou-se obesa.

O hipotálamo funciona como nosso cérebro vegetativo, controlando nosso sistema autônomo através de seus pequenos núcleos, que orquestram inúmeras funções básicas, como a sede, a fome, o desejo sexual, os batimentos cardíacos, a pressão arterial, a puberdade, a temperatura do corpo e até mesmo o volume urinário. Os distúrbios hipotalâmicos, portanto, podem ser muito graves e levar a um estado de emagrecimento extremo, dito emaciação, por vezes com preservação da fome, e que frequentemente resultam na morte do paciente.

As estruturas cerebrais funcionam com níveis de hierarquia, sendo o córtex cerebral o mais elevado. O hipotálamo, apesar de ser hierarquicamente o centro vegetativo mais importante do cérebro, não funciona sozinho. Mantém conexões com a hipófise, com o tronco cerebral, as regiões pré-frontais e o sistema límbico, estando os dois últimos relacionados aos sentimentos. Num momento de grande emoção, raiva, medo ou prazer, o hipotálamo é acionado pelo córtex cerebral para preparar a reação do organismo, se necessário. Ocorre uma verdadeira tempestade de estímulos, através da hipófise e do sistema nervoso autônomo, simpático e parassimpático, seus dois braços executivos, que excitam ou inibem nossos órgãos, artérias e glândulas. Há liberação de adrenalina, hormônios corticoesteroides, o coração acelera, a respiração torna-se ofegante, extremidades tornam-se frias, a pressão arterial se eleva, a mímica facial se transforma.

Quando o paciente se encontra em morte cerebral, da qual trataremos mais à frente, o hipotálamo também morre e o organismo perde seu guia. O coração ainda bate por uns dias, mas já com total independência, não havendo mais sincronia entre os órgãos.

Outro sintoma muito comum de distúrbio hipotalâmico é o diabetes insípido, que não tem nenhuma relação com o diabetes melito, conhecido de todos pelo aumento da glicose no sangue

146

e na urina. O único ponto em comum entre as duas doenças é a elevação do volume urinário, ao que se dá o nome de diabetes. A palavra "melito" está associada ao doce: a urina desses pacientes é rica em glicose e tem sabor de mel. Já no diabetes insípido a urina não tem glicose e não tem gosto.

O diabetes insípido resulta da diminuição do hormônio antidiurético, chamado vasopressina, produzido pelo hipotálamo e liberado por sua extensão, a neuro-hipófise. A redução desse hormônio pode ser causada por um tumor ou uma manipulação cirúrgica dessa região, entre outras causas. O paciente passa a urinar grandes volumes, podendo chegar a dez ou mais litros por dia. A sede é intensa, numa tentativa do organismo de compensar a perda líquida, podendo ser mais grave ainda quando a lesão do hipotálamo também acaba com a sede, importante mecanismo de defesa. A vasopressina atua nos rins, controlando a filtração, a concentração e o volume de urina. Sua redução provoca uma situação potencialmente grave se não for rapidamente revertida, levando a desidratação, distúrbio eletrolítico e, eventualmente, morte.

O primeiro tratamento relativamente eficaz para o diabetes insípido foi descoberto, por acidente, no Hospital Geral da Santa Casa da Misericórdia do Rio de Janeiro, em 1966. As enfermarias que abrigavam os doentes eram grandes salões, com os leitos alinhados em paralelo. Conta a lenda que dois deles, em camas contíguas, apresentavam diabetes, um melito e o outro insípido. O segundo definhava sem tratamento, urinando litros por dia. Por engano, houve uma troca de medicação e a Chlorpropamida que deveria ser dada ao paciente melito foi ingerida pelo insípido.

Quando o professor Francisco Arduino, conceituado endocrinologista, chegou pela manhã, observou que o paciente insípido tinha urinado apenas dois litros. Num primeiro momento, atribuiu o fato a um descuido na medição do volume urinário, mas logo percebeu o que ocorrera, pois o paciente com diabetes melito apresentava uma glicemia muito elevada, por não ter sido medicado. Nos dias seguintes, intrigado com o ocorrido, o professor Arduino decidiu então manter a Chlorpropamida para ambos, e observou que ela realmente controlava a diurese do diabético insípido. Eureca! Pela primeira vez havia uma esperança de tratamento para esse tipo de doente.

Esse caso foi publicado no *Journal of Clinical Endocrinology and Metabolism*, revista médica americana de grande penetração, e a Chlorpropamida tornou-se, na época, a droga de eleição no mundo para os pacientes com diabetes insípido. Nessa publicação, o professor Arduino relata que o paciente tomou a medicação indevidamente e por iniciativa própria, percebendo a sua melhora. Seja qual for a verdadeira história, a descoberta foi um acaso, mas o professor teve o grande mérito de valorizá-la. Hoje, dispomos do substituto sintético do hormônio antidiurético, o acetato de desmopressina, bem mais eficaz e facilmente encontrável. Essa medicação foi um divisor de águas para o tratamento dos pacientes com tumores nessa região, pois o diabetes insípido, ainda que geralmente transitório no pós-operatório, pode persistir por meses ou se tornar definitivo.

Grandes descobertas da medicina deveram-se a observações casuais, o que não tira o brilho do descobridor, que teve o grande mérito de valorizar o inesperado. Como bem disse o cientista Louis Pasteur: "o acaso só favorece aos espíritos preparados". A penicilina é o exemplo mais emblemático. Em 1928, o bacteriologista inglês Alexander Fleming, que trabalhava com culturas de bactérias em seu laboratório, ao voltar de férias, observou que uma dessas culturas havia mofado e as bactérias tinham morrido. O que parecia um fato sem maior importância chamou sua atenção, pois ele pesquisava alguma substância que pudesse tratar as infecções bacterianas, até então sem cura. Fleming identificou esse fungo como do gênero *penicillium*, que produzia uma substância bactericida que batizou de penicilina — a qual só veio a ser produzida, em escala industrial, em 1940, no início da Segunda Guerra Mundial, salvando milhões de vidas.

A descoberta da vacina foi ainda mais curiosa. Em meados do século XVIII, quando as epidemias de varíola devastavam exércitos e populações, o médico inglês Edward Jenner observou que as moças que ordenhavam vacas e que tinham contato com a varíola desse animal eram também imunes à varíola humana. Jenner ousou inocular o pus da ferida das vacas nos seres humanos, confirmando a suspeita de que esse processo os tornaria imunes. Hoje sabemos que a varíola que infecta a vaca deve-se a um vírus atenuado, praticamente sem risco para o homem. Houve inicialmente muita resistência ao método, mas quando, em 1775, o rei Luis XV da França morreu da doença, Frederico II da Prússia e vários outros monarcas europeus ordenaram a vacinação de seus nobres. As populações pobres, entretanto, só tiveram a oportunidade de se imunizar pela primeira vez quando George Washington, em 1776, e Napoleão, em 1805, ordenaram a vacinação de suas tropas.

Após cem anos, Pasteur desenvolveu a vacina da raiva com princípio semelhante e, em homenagem a Edward Jenner, deu o nome ao imunizante de "vacina", que vem de "*vaccínia*", que em latim designa a varíola da "*vacca*".

Depois disso, outras vacinas foram desenvolvidas por Pasteur, e, apesar do método ter conquistado o reconhecimento da comunidade científica, não era facilmente aceito pelas grandes populações desinformadas. Em 1904, vivemos no Rio de Janeiro um levante popular que ficou conhecido como a Revolta da Vacina. Capital do Brasil no início do século XX, o Rio era uma cidade de ruas estreitas e malcuidadas onde grassavam de forma endêmica a varíola, a febre amarela, a peste bubônica e várias outras doenças infecciosas. A cidade era conhecida pelos imigrantes que aqui chegavam como "túmulo dos estrangeiros". O então prefeito Pereira Passos, que havia assistido, em Paris, à reforma da capital francesa, levada a cabo por Georges-Eugène Haussmann, implantou um plano urbanístico similar no Rio de Janeiro, que mudou a cidade, derrubando inúmeros casarões e cortiços, e abrindo largas avenidas. Sob a liderança do grande médico sanitarista Oswaldo Cruz, então diretor de saúde pública, foram formadas brigadas sanitárias para combate aos mosquitos que transmitiam a febre amarela, extermínio dos ratos, cujas pulgas transmitiam a peste bubônica, e remoção do lixo. Detalhe curioso: para estimular a caça aos ratos, a prefeitura pagava por cada um que fosse abatido, estimulando a participação dos cidadãos nessa cruzada. O combate à varíola, entretanto, exigia a vacinação em massa, e a resistência da população foi grande, com baixo comparecimento. Uma lei tornou a vacina obrigatória, o que despertou a ira popular, insuflada pela oposição, com distúrbios de rua, enfrentamentos, mortos e feridos e ameaças de golpe de Estado. Por fim, foi declarado estado de sítio e suspensa a obrigatoriedade, para aplacar a revolta. O futuro mostrou que Oswaldo Cruz tinha toda a razão.

15. A visão e os lobos occipitais

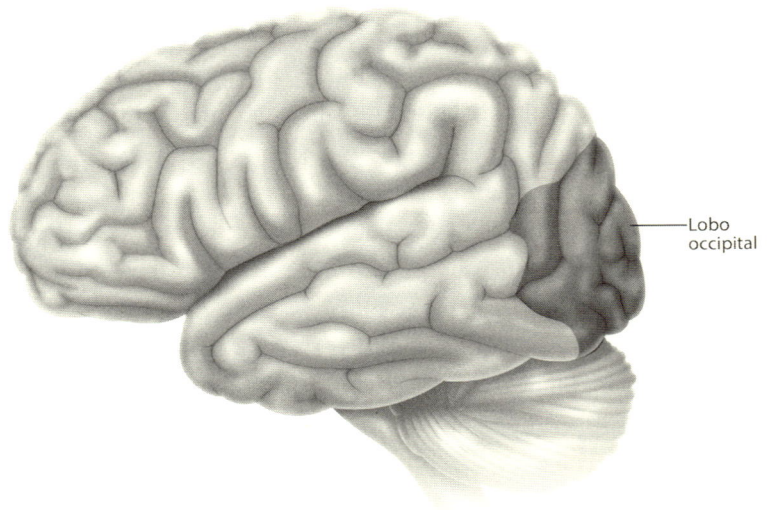

Lobo
occipital

Oscar Wilde, em seu clássico conto infantil "O príncipe feliz",
relata a história de um jovem príncipe que vivera toda a sua curta
vida entre luxo e amenidades. Nunca tivera contato com o mundo
exterior ao palácio, que era cercado por uma grande muralha. Com

sua morte, foi erguida uma rica estátua em sua homenagem, com duas safiras milenares vindas da Índia no lugar de seus olhos. Do alto de um pedestal, a estátua enxergava a cidade e a vida além do muro que o príncipe desconhecera. Chocada com a miséria que vislumbrava, a estátua passou a chorar de tristeza e pediu a uma andorinha amiga que retirasse um de seus olhos de safira e o doasse a um menino que via ao longe, o qual passava fome. No dia seguinte, para surpresa da andorinha, a estátua do príncipe pediu que retirasse o outro olho para fim semelhante. Ela exclamou: "Não posso arrancar vosso olho, pois ficareis completamente cego". Ele respondeu: "Faze como te ordeno".

O que de mais valioso do que a visão o príncipe-estátua poderia oferecer? A visão é a maior conexão dos seres vivos com a vida, através da luz, que a possibilita. Quando uma criança nasce, dizemos que lhe foi dada a luz. Dos nossos cinco sentidos, a visão é, certamente, a senhora soberana, pois "o que os olhos não veem, o coração não sente".

Entretanto, é com o cérebro que nós enxergamos. É nele que se formam as imagens que possibilitam nossa independência, nossos deslocamentos e nossa sobrevivência. Em parceria com os lobos frontais, os olhos refletem a alma. O brilho dos olhos, o olhar triste, "o olhar oblíquo e dissimulado", sem falar dos "olhos nos olhos". Ou, como cantou Vinicius de Moraes: "quando a luz dos olhos meus e a luz dos olhos teus resolvem se encontrar...".

A interpretação do que vemos vai depender do nosso estado de espírito, do humor e da alma naquele momento, e vai definir se o copo está meio cheio ou meio vazio. Em desenhos de testes psicológicos, onde uns veem a bruxa, outros verão a princesa.

Nenhum animal sobreviveria sem visão, apenas o homem, que venceu a seleção natural por sua organização social. Devolver a visão a um cego é dar-lhe de volta a luz, as cores, o mundo. Um feito que tem a dimensão de um milagre. Essa função neurológica tão fundamental, romântica, subjetiva e frequentemente utilizada em metáforas tem uma base anatômica e fisiológica complexa. Quando recebemos um paciente que se queixa da visão, o primeiro exame se dá durante a conversa, quando o observamos. A simetria dos olhos, a posição das pálpebras, as pupilas, a movimentação ocular, o fundo do olho e, por fim, a visão propriamente dita. Devemos estar sempre muito atentos ao seu relato, para entendermos toda a subjetividade de suas queixas.

Fui procurado por uma cliente que, aflitíssima, insistia que eu examinasse seu marido com urgência. Era um homem de setenta anos, que ela suspeitava que pudesse estar sofrendo um AVC, pois seu olho esquerdo lacrimejava e sua face parecia assimétrica. Começamos a consulta e ela me disse, de imediato:

"Doutor, repare bem no olho esquerdo dele, está diferente."

Olhei para ele e para ela e achei que o dela era que estava diferente. Novamente ela me disse:

"Doutor, o olho esquerdo dele não está um pouco pra fora e pra baixo em relação ao outro?"

Novamente, olhei para um e para outro e achei que o dela é que estava assim. Tudo o que a mulher via nele, ela é que tinha, inclusive a pálpebra do olho esquerdo um pouco caída. Ele não se queixava de nada, nem se dava conta do que se passava com ela. Ao final da conversa, ela me perguntou se seu marido não deveria ser submetido a uma ressonância magnética. Disse que ele não precisava, mas ela sim. A surpresa de ambos foi enorme. Coloquei-os diante do espelho e mostrei o que não viam.

A ressonância foi feita, e ela tinha uma massa dentro da órbita esquerda, por cima do globo ocular, que o empurrava para fora e para baixo. Tratava-se de um hemangioma cavernoso. O cavernoma, como é apelidado, é uma lesão benigna, que deve ser retirada. Nesses casos, é necessária a abertura do crânio na região frontal e a elevação do cérebro, para permitir o acesso à órbita e a remoção da lesão com segurança. A paciente foi operada com sucesso e seu olho voltou ao lugar. Esse caso merece um comentário psicanalítico, pois ela, inconscientemente, percebia a sua doença e veio ao consultório para me contar, ainda que projetando-a no marido.

A luz, ao atravessar as estruturas do globo ocular, estimula receptores da retina, os cones e bastonetes, que desencadeiam reações fotoquímicas. Isso quer dizer que a energia luminosa é transformada em energia elétrica, que estimula os neurônios da retina, dando origem aos impulsos nervosos que vão atravessar todo o cérebro, em um longo e tortuoso caminho. Esses impulsos farão conexões e levarão essas informações às regiões mais posteriores dos lobos occipitais. As vias ópticas, portanto, são vulneráveis por sua longa extensão. Quando saem das órbitas, os nervos ópticos se juntam, formando o quiasma óptico, e a seguir se dividem. Metade de cada nervo vai para o lado direito do cérebro e a outra metade para o esquerdo. Assim, cada lobo occipital recebe informações de metade de cada olho.

Essa anatomia permite localizar em que ponto do trajeto das vias ópticas se deu alguma lesão, baseado apenas nas informações do paciente e em seu exame neuro-oftalmológico. As possibilidades são várias, mas, por exemplo, quando a queixa é de dificuldade visual num único olho, devemos pensar nesse pequeno trajeto do nervo óptico até o quiasma. Quando a perda se dá na visão periférica, em ambos os olhos, devemos investigar a região quiasmática, onde eles se encontram, formando uma estrutura única. Quando toda uma metade da visão é perdida, à esquerda ou à direita, devemos pensar nos lobos occipitais, que são duas estruturas independentes e paralelas.

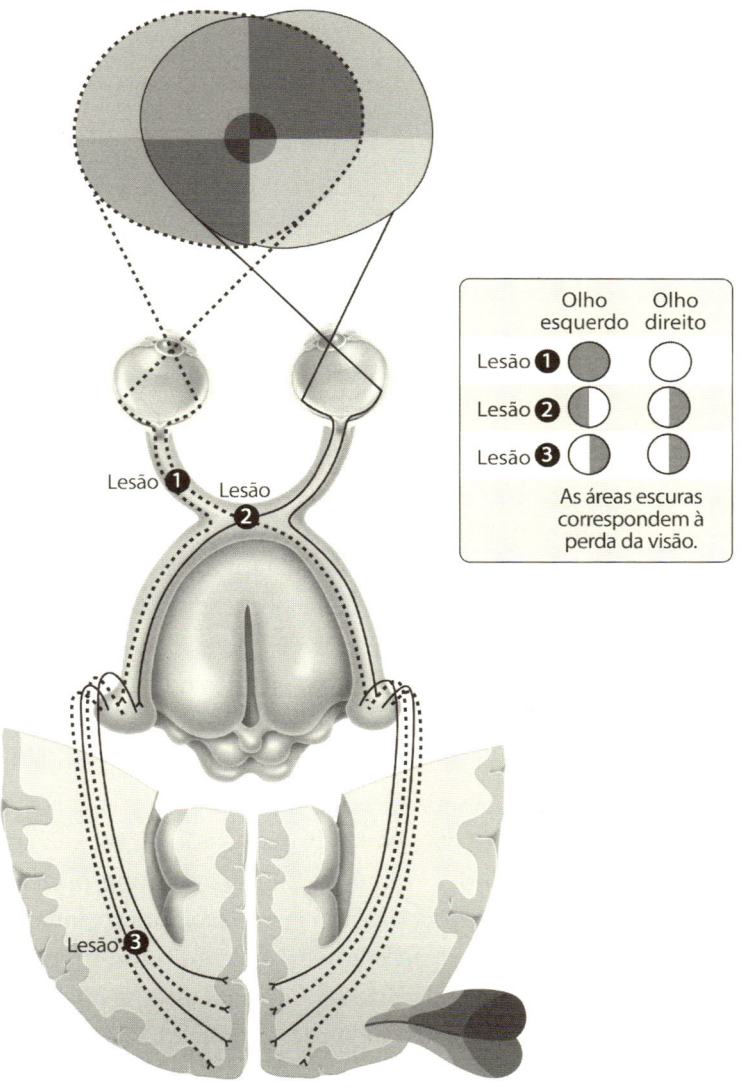

Vias ópticas.

Pelo caminho, algumas fibras visuais são destinadas a outras regiões, como o hipotálamo, que tem importante atuação na regulação do ritmo circadiano, ou a cadência de nosso relógio biológico, elevando a produção de hormônios ao acordarmos, estimulados pela luz, e os reduzindo ao final do dia, ao escurecer. Esse fenômeno é explorado, por exemplo, por produtores de ovos para aumentar artificialmente a produção. Em aviários fechados, eles podem controlar a luz e simular dia e noite a cada doze horas, enganando o hipotálamo das galinhas, que acabam por colocar dois ovos no mesmo dia.

Várias doenças neurológicas podem levar à perda da visão. Algumas de maneira transitória e outras em definitivo. As neurites ópticas, por exemplo, são manifestações inflamatórias agudas, causadas por doenças desmielinizantes, autoimunes, que levam à cegueira, se não identificadas e tratadas a tempo.

A causa mais comum, entretanto, são os tumores. Em geral benignos, de crescimento lento, eles comprimem os nervos ópticos ou o quiasma progressivamente. A perda visual se dá aos poucos, o que faz com que alguns pacientes não a percebam na fase inicial. É importante o diagnóstico antes que a visão esteja muito reduzida, pois poderá ser tarde demais para recuperá-la.

Lembro-me de uma cliente que me procurou ao encontrar um volumoso meningeoma na base do crânio, em exame de checkup. Ela nada sentia e não se dava conta de que a visão do seu olho esquerdo já não era normal. O tumor englobava a carótida, principal artéria nutridora do cérebro, e distorcia o nervo óptico esquerdo. Pedi um exame de campimetria visual, que confirmou a redução da visão daquele olho. Apesar de seus setenta anos, recomendei de imediato a cirurgia, para não perder o momento ideal. A paciente, assustada, naturalmente tentou dissuadir-me, dizendo que não poderia operar por ser hipertensa de longa data. Argumentei que não seria um impedimento, pois seu clínico estabilizaria sua pressão. Ela revelou-me, então, que também era diabética, e mais uma vez eu disse que não era problema. Após outras duas ou três tentativas de escapar da cirurgia, todas contestadas, ela disse-me finalmente:

"Doutor, tenho dez anos a mais do que está registrado em sua ficha."

Não pude resistir ao riso. A vaidade é um sinal de amor à vida, de autoestima e conexão com o dia a dia. Nesse momento, tive certeza de que ela operaria, pois não aceitaria ficar cega, muito menos morrer caso a doença progredisse. Assim foi. Em duas semanas estava operada e curada.

Os meningeomas, como diz o nome, são tumores que nascem das meninges, especialmente em adultos, e ainda mais nas mulheres. Eles têm receptores hormonais para o estrogênio e a progesterona, que estimulam seu crescimento, e por isso é muito comum observarmos sua rápida evolução durante a gravidez, quando as taxas hormonais estão elevadas. Uma paciente que saiba que tem meningeoma deve retirá-lo antes de engravidar ou de fazer reposição hormonal.

As meninges são membranas que envolvem o cérebro e a medula espinhal, portanto, seus tumores podem ocorrer em qualquer lugar do crânio ou da coluna. Eles nascem fora do cérebro, mas, à medida que crescem, passam a comprimi-lo até penetrá-lo, e a princípio só vemos sua superfície, como um iceberg. Esses tumores são curáveis quando totalmente removidos, porém os que nascem na base do crânio apresentam maior dificuldade de extirpação por tenderem a envolver a artéria carótida e os vários nervos que passam nessa região. O checkup neurológico de rotina é importante para encontrar esses tumores antes que sejam inextirpáveis.

157

A idade também não é mais um divisor de águas, como já foi no passado. Até recentemente, algumas cirurgias eram consideradas proibitivas para pacientes acima de 65 anos — uma restrição que era universal e aceita por consenso em todos os congressos e revistas da especialidade. Na realidade, era uma divisão arbitrária entre os que deveriam ter uma chance de tratamento e os que eram punidos só por terem alcançado a maturidade.

Meu tio, o arquiteto Oscar Niemeyer, aos cem anos sentiu-se mal e foi diagnosticado com um abscesso hepático, doença de alta mortalidade, com grande risco cirúrgico. Eu estava fora do Brasil, num congresso médico em Chicago, quando o cirurgião me telefonou para explicar o que se passava. Oscar e nossa família queriam minha opinião. De início tive uma posição conservadora contra a cirurgia, levando em conta sua idade e todos os riscos envolvidos. O cirurgião, então, argumentou que Oscar, apesar da idade, estava lúcido, não tomava nenhuma medicação, tinha todos os exames normais e que não havia nenhuma razão clínica que contraindicasse a cirurgia. Foi um argumento definitivo, já que a única razão para não operá-lo era o preconceito de idade. Concordei de imediato, e a cirurgia foi realizada com sucesso. Oscar ainda viveu mais cinco anos.

Os tumores da hipófise também são causas frequentes de perda visual. Referi-me, em capítulo anterior, àqueles que produzem hormônios. Há, também, um tipo muito comum, que nada secreta e que cresce silenciosamente, sem causar sintomas. São os chamados tumores não funcionantes. Eles só são percebidos quando já volumosos e comprimindo o quiasma óptico, causando redução progressiva da visão. O paciente passa a se queixar de turvação visual, ou percebe estar esbarrando em pessoas na rua, por perda dos campos visuais periféricos.

Casos como esses são muito frequentes na prática neuro-cirúrgica. A cirurgia é pouco agressiva, realizada pelo nariz. Se operados a tempo, esses pacientes podem ter boa recuperação da visão. É muito gratificante ouvi-los dizer, já no dia seguinte à cirurgia, que a visão normalizou e que agora podem ler e ver em cores o que já não viam nem em preto e branco. Mas nem todos, entretanto, têm a sorte de um bom resultado.

Tive uma paciente de 64 anos que, havia seis meses, percebera redução da visão do olho direito. Ao investigar, encontrara um aneurisma carótido-oftálmico gigante, que comprimia intensamente seu quiasma óptico. Esses aneurismas nascem junto da artéria oftálmica, na origem da carótida intracraniana, embaixo do nervo óptico. Quando crescem acima de 2,5 cm, chamamos de gigante, e com frequência levam à perda visual. A paciente, quando me procurou, já havia sido tratada pelo método endovascular, uma forma de fechar o aneurisma por meio de cateteres que entram no organismo via artéria femural, na virilha, e sobem até a cabeça. Um método moderno e promissor, mas que não se presta para todos os casos. Os cateteres preenchem os aneurismas com micromolas de platina, o que os transforma numa massa rígida, podendo piorar a compressão do nervo óptico.

Depois do procedimento endovascular, o aneurisma de minha paciente não tinha mais risco de sangrar, mas a visão continuava piorando, e agora já comprometia os dois olhos. Ela estava quase cega, a ponto de não poder mais andar sozinha; por isso, queria a todo custo que eu retirasse as molas colocadas havia seis meses, na esperança de recobrar a visão. Acontece que, para tanto, ela correria um risco enorme, pois a manobra implicava abrir o aneurisma e esvaziá-lo, com chance de provocar grande hemorragia, o que poderia ser fatal. Tentei, em vão, convencê-la a se adaptar à deficiência visual, e assim evitar a cirurgia. Entretanto, a visão piorava a cada dia e, se nada fosse feito, acabaria cega.

Depois de muito pensar achei que não podia negar uma chance a essa senhora que, maior de idade, lúcida e ciente dos seus riscos, preferia morrer a perder a visão. Decidi, então, operá-la. Havia muitos anos não perdia uma noite de sono, como ocorreu na véspera dessa cirurgia, em que tudo poderia acontecer, até mesmo o que ela mais temia, a escuridão. Com o crânio aberto e o auxílio do microscópio cirúrgico, expus aquela volumosa bola vermelha que esmagava seus nervos ópticos. Era como desarmar uma bomba. Abri o aneurisma e fui retirando as molas, uma a uma, com o coração na mão, pois o risco de sangramento sem controle era real caso as retirasse em excesso. Se isso ocorresse, não haveria como controlar a hemorragia, a não ser fechando a artéria carótida esquerda, o que poderia resultar num enfarto de todo um hemisfério cerebral. Esse era um procedimento fora do habitual, e que se desse errado eu teria que me explicar.

Felizmente, tudo terminou bem e a paciente teve uma recuperação acentuada da visão, ainda que não completa, pois parte dos nervos já havia morrido. Mas a melhora foi suficiente para que pudesse voltar a ler, ver televisão, morar sozinha e readquirir sua independência. Só nós dois sabemos das conversas difíceis que tivemos antes da cirurgia. Ganhamos mutuamente: ela, a luz, e eu, uma amiga.

No trajeto que vai do quiasma até os lobos occipitais, as vias ópticas já se dividiram, estando metade em cada hemisfério, portanto, uma lesão na região poderá produzir, no máximo, a perda de metade da visão, à esquerda ou à direita, o que chamamos de hemianopsia homônima. Assim, o paciente ao ler o jornal só vê a metade da manchete, necessitando virar a cabeça para ler o

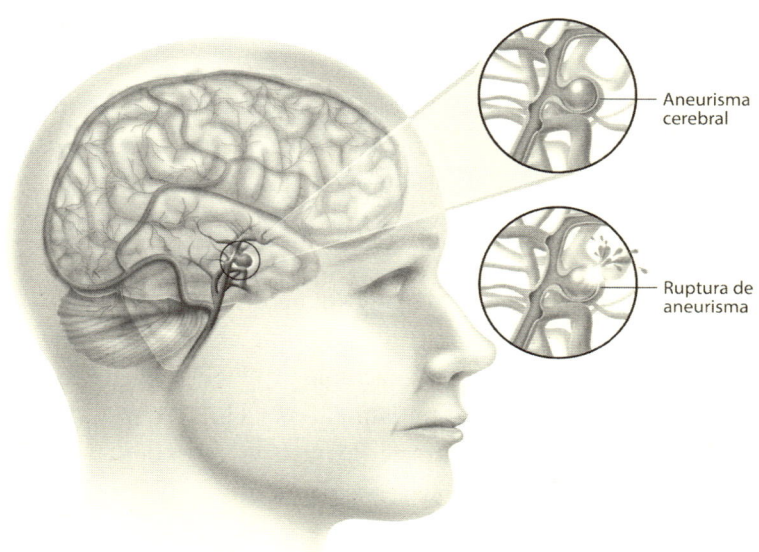

Aneurisma
cerebral

Ruptura de
aneurisma

restante. Se sair à rua vai esbarrar em todos que se aproximarem pelo seu lado cego.

O exame neurológico ajuda muito na localização da lesão. Dependendo das características da perda visual, podemos saber se o comprometimento é anterior ou posterior, e de que lado. Hoje, essas informações clínicas podem parecer desnecessárias diante de tanta tecnologia, mas são fundamentais para que o médico possa interpretar as imagens e tomar as decisões adequadas.

O córtex visual encontra-se nos lobos occipitais que são divididos em áreas primárias e secundárias da visão. As primárias são ativadas pela atenção e concentração do indivíduo no objeto focado. As imagens formadas ali são transferidas para as áreas secundárias ou de associações visuais, um pouco mais à frente, e para as regiões parietais, onde é feita a identificação do objeto. Quando temos alguma descarga elétrica em áreas primárias, como acontece no início de uma crise convulsiva ou também no começo de uma forte enxaqueca, vemos flashes luminosos chamados de escotomas cintilantes. Quando as descargas ocorrem em áreas de associações, podemos ter alucinações visuais, com imagens mais complexas, como pessoas, bichos ou insetos subindo pelas paredes.

O mesmo fenômeno pode também ocorrer em áreas auditivas, que produzirão de um simples zumbido e chiado a músicas ou frases completas. Um clássico exemplo de alucinação auditiva é o canto das sereias, descrito lindamente por Homero na *Odisseia*.

As alucinações, ao contrário dos delírios, não dependem de estímulos externos — são criações da mente, como cavalos que voam, vozes e cheiros que não existem, e podem ter inúmeras causas, neurológicas ou psiquiátricas. Já os delírios são interpretações distorcidas de fatos reais, como achar que todos na rua te olham com admiração ou cismar que a casa inteira está te vigiando. Esses casos são exclusivamente psiquiátricos.

Quando fazemos uma cirurgia numa região posterior e profunda do cérebro, devemos escolher um trajeto que evite atravessar as radiações ópticas, ainda que venha a ser o mais longo, a fim de não criar falhas no campo visual. Os aparelhos modernos de ressonância magnética dispõem de um recurso chamado de tractografia, que permite visualizar os fascículos que integram o cérebro, cruzando-o em todas as direções. Com isso, é possível identificar as radiações ópticas e suas relações com um tumor — por exemplo, se estão por baixo, por cima ou invadidas. Essas informações são utilizadas na cirurgia pelo neuronavegador, aparelho que, como diz o nome, auxilia a navegação do cirurgião pelo cérebro.

O notável escritor argentino e prêmio Nobel de Literatura Jorge Luis Borges, que perdeu a visão já adulto, considerou a cegueira "um modo de vida. É um dos estilos de vida dos homens". Ele sempre procurou transformar sua perda em algo positivo, e dizia que ser cego tinha lá suas vantagens, pois a sombra lhe trouxera novos dons. Assim, afirmou: "Quem pode conhecer-se mais que um cego?". Disse que "já que perdera o mundo das aparências", deveria dedicar-se ao seu novo mundo futuro, que sucedeu o mundo visível, e fez referência à sua grande produção literária nesse período, quando passou a ditar seus textos para um assistente.[1]

No estilo Borges, diz a lenda que o filósofo pré-socrático Demócrito de Abdera arrancou os olhos para evitar distração enquanto se concentrava, profundamente, em seus pensamentos. Essa não é uma situação única na história. Vários outros escritores famosos com deficiência visual também ditaram seus textos, como James Joyce em *Finnegans Wake*, seu último romance e o mais difícil de ser compreendido. Curiosamente, é um texto com jogos sonoros e musicalidade, que ele recomendou que fosse lido em voz alta.

São muitos os artistas, escritores e músicos com deficiências visuais que brilharam em suas carreiras. Seus dons inatos, inevitavelmente, acentuaram-se pela maior concentração e capacidade de compensação do cérebro.

Hoje, sabemos que a organização do córtex cerebral depende dos tipos de estímulos que recebe. Assim, o funcionamento do córtex visual do homem que enxerga recebe exclusivamente estímulos luminosos. Os estudos com ressonância magnética mostram que, em indivíduos amauróticos, isto é, sem visão, esse córtex ocioso passa a receber estímulos auditivos, sensitivos e até olfativos. As extensas áreas corticais visuais, portanto, que deveriam estar sem atividade, são cooptadas para outras funções, exemplo típico da plasticidade cerebral, que através de novas conexões transforma a organização cortical do cego, tornando-o mais eficiente na percepção sonora, tátil, olfativa e em outros processos cognitivos. Os estudos também mostram que nos sonhos dos cegos congênitos ou dos que perderam a visão ainda na infância predominam as sensações sonoras, olfativas, táteis e gustativas. As pessoas, na maioria das vezes, não se dão conta das deficiências enquanto estas se instalam lentamente, como no caso de um rapaz que atendi que fazia leitura labial com tanta perfeição e naturalidade que não sabia que era surdo.

No filme *Perfume de mulher*, de Martin Brest, o ator Al Pacino faz o papel de um charmoso deficiente visual que compensa em parte sua limitação apurando os outros sentidos. Assim, o personagem vive momentos memoráveis de grande romantismo, apreciando e identificando as mulheres interessantes pelo cheiro de seu perfume. Na cena mais emblemática do filme, ajudado por sua audição privilegiada, ele dança um pas de deux guiado pela melodia de um belíssimo tango.

Numa entrevista, foi perguntado ao músico Ray Charles, que perdeu a visão na infância, se gostaria de voltar a enxergar. Surpreendentemente, ele disse que apenas por um dia. Antes de ficar cego, aos seis anos, pudera ver a mãe, a lua, o sol, as estrelas, e agora só gostaria de ver seus filhos e algumas obras de arte. Afirmou, ainda, que a deficiência não o impedia de fazer o que quisesse nem de ir aonde desejasse, mas que não gostaria de visualizar muitas coisas que escutava sobre "os dias de hoje". Disse que se considerava um velho rádio: ouvia as pessoas e imaginava como eram, pois os sons nunca o enganavam.

16. O cerebelo e os nossos movimentos

Fiz meu curso médico na Faculdade de Medicina da Universidade Federal do Rio de Janeiro, conhecida pelo seu corpo docente. Algumas disciplinas me marcaram e, na passagem pela neurologia, conheci o ilustre professor Sérgio Novis, que era famoso por ser um grande orador e excelente "ator". Numa época em que não havia internet, smartphones e outras facilidades, Novis conseguia prender a atenção da turma com sua oratória baiana, acompanhada de magistrais demonstrações físicas. Descrevia e simulava as doenças com graça e perfeição, por isso, suas aulas eram didáticas e inesquecíveis.

Logo no início do curso, ele relatou a história de um menino de cinco anos que, depois do nascimento do irmão, passou a andar com insegurança, desequilibrado, apoiando-se nas paredes. Nesse momento, o professor Novis, acima do peso, porém sempre muito ágil, mostrava aos alunos de maneira teatral o caminhar do menino com pernas abertas, para facilitar o equilíbrio, balançando o tronco, numa evidente instabilidade. Ele seguia contando que a família procurara o pediatra e que este diagnosticara o distúrbio como sendo de origem psicológica, considerando que a criança queria chamar a atenção dos pais simulando inconscientemente a doença, por ciúmes pela chegada do novo irmão e concorrente. Como, entretanto, não houvesse melhora com o acompanhamento psicológico, decidiram ouvir um neurologista que, segundo Novis, achou um volumoso tumor psicológico localizado no cerebelo. Após aquele exímio show, nunca mais deixei de reconhecer uma incoordenação cerebelar, também chamada de ataxia, e aprendi que diagnóstico de distúrbio psicológico deve ser a última hipótese. Aprendi também que, de todas as doenças malignas que ocorrem na infância, os tumores encefálicos são a segunda causa de morte, atrás apenas da leucemia.

O cerebelo fica localizado embaixo do cérebro, numa pequena área chamada de fossa posterior do crânio, que corresponde à nuca, e quando visto de cima parece uma borboleta, com uma

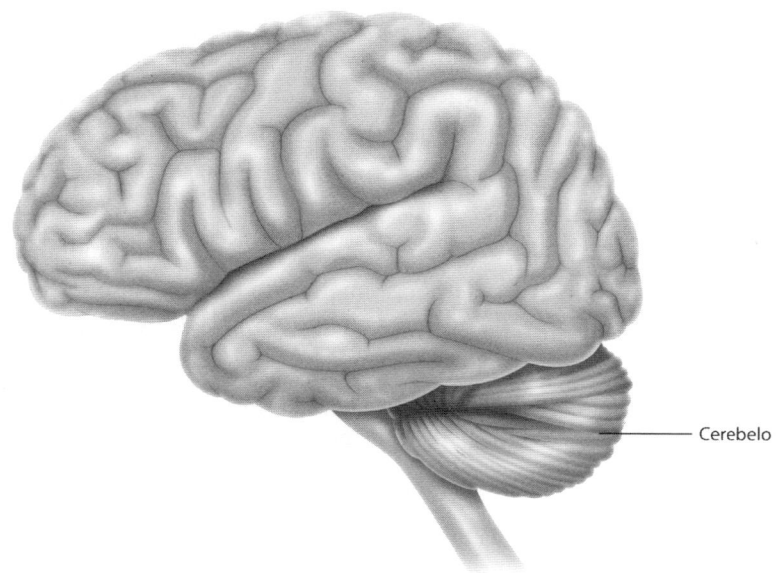

Cerebelo

parte central, chamada de verme cerebelar, e duas asas abertas, correspondendo aos seus hemisférios. Sua função mais importante é a regulação das contrações musculares, para que os movimentos sejam suaves e coordenados. Quando lesado, produz incoordenação ou ataxia, como dizem os médicos. Ataxia na marcha era o que o menino apresentava, andando com as pernas abertas para melhorar o equilíbrio. Pessoas com síndrome cerebelar passam por constrangimentos em público, pois parecem alcoolizadas. Um de meus pacientes, ao sair à rua pela manhã, ouviu a repreensão de uma senhora:

"O senhor não tem vergonha de já estar bebendo tão cedo?"

O cerebelo, através de circuitos inibitórios, amortece os movimentos e a força motora e, como um maestro, comanda a ambos para que a meta de cada movimento corpóreo seja executada com precisão. Assim, ao pegarmos um copo sobre a mesa, o cerebelo impede que a mão o ultrapasse ou até mesmo que o empurre, e, ao trazê-lo à boca, faz com que o movimento seja suave, sem abalos ou tremores.

Durante o exame neurológico, num teste chamado de dedo-nariz, solicitamos ao paciente que leve a ponta do indicador à ponta do nariz. Esse movimento, que parece tão simples, é quase impossível para quem tem uma lesão do cerebelo, pois o dedo atingirá a testa, a boca, mas não chegará ao alvo desejado. Ao contrário dos hemisférios cerebrais, os sintomas cerebelares ocorrem do mesmo lado da lesão. Ou seja, a doença do hemisfério cerebelar direito produzirá sintomas no lado direito do corpo, e vice-versa.

Certo dia, fui procurado por um casal de pais aflitos, cuja filha, de sete anos, começara a caminhar com desequilíbrio, dias após ter tido dor de cabeça e vômitos. Eles traziam uma ressonância que mostrava um volumoso tumor da linha média cerebelar, que obstruía a circulação do líquido cefalorraquídeo e provocava hidrocefalia. Era um caso muito grave, parecido com o do menino do Novis. Só que agora não era aula e eu não era mais estudante, e já havia deparado com várias situações semelhantes. Uma situação como essa cai como uma bomba em toda a família. O tumor poderia ser um ependimoma ou meduloblastoma — ambos têm imagens parecidas e são malignos. O mais provável era que fosse um meduloblastoma, causado por mutações genéticas, que nasce no cerebelo e tem crescimento rápido. Mas eu só saberia depois da cirurgia.

A menina foi operada em caráter de urgência, a hidrocefalia foi tratada e todo tumor visível foi retirado, o que melhorou muito o prognóstico. O exame histopatológico confirmou a suspeita de meduloblastoma. As células desse tumor podem ser levadas pelo líquido que banha o cérebro e a medula e se implantar à distância, criando um novo tumor, no sistema nervoso central. É preciso tratar todo o neuroeixo, ou seja, todo o cérebro e a medula, com químio e radioterapia. Assim foi feito. A menina recuperou-se muito bem da tempestade, após alguns meses voltou a estudar, e na sua festa de quinze anos convidou-me para dançar a valsa com ela. Aceitei, orgulhoso. Naquele momento, era uma vencedora. Viveu bem por mais alguns anos, mas, por fim, não resistiu à doença.

O cerebelo recebe informações sensitivas do córtex cerebral, dos labirintos e da periferia, e após processá-las coordena a postura e o equilíbrio do tronco, evitando guinadas ou deslocamentos súbitos do corpo. Essas inúmeras conexões e sua importante atividade inibitória e de relaxamento muscular foram exploradas, na década de 1970, para o tratamento de epilepsias de difícil controle e para espasticidade em crianças com paralisia cerebral, através da estimulação elétrica do córtex cerebelar, proporcionando a melhora de pacientes que apresentavam de trinta a quarenta crises epilépticas por dia, apesar de doses elevadas de medicação. Essa atividade inibitória sobre os demais neurônios impedia a ocorrência das crises e conseguia trazer relaxamento aos pacientes com espasticidade, que é uma contratura muscular dolorosa, a qual aparece quando há alguma lesão de neurônios motores do córtex cerebral.

Apesar de as funções do órgão serem importantes, as cirurgias no cerebelo costumam ser satisfatórias e, se bem conduzidas, raras vezes deixam sequelas. As hemorragias nessa região, entretanto, são extremamente graves, pois o cerebelo encontra-se encaixado, na justa medida, em uma pequena cavidade da base do crânio, com o tronco cerebral à frente. Todos os estímulos que sobem ao cérebro ou vão para o corpo passam por esse tronco, portanto qualquer compressão pode ser fatal.

Operei uma mulher de 42 anos que, ao receber uma má notícia, teve uma crise hipertensiva que provocou uma hemorragia cerebelar. A paciente conversava com a médica da emergência, explicando seu mal-estar e, subitamente, entrou em coma. Fui chamado de imediato. Era um sábado à noite. Estava na rua e, pela internet, recebi as imagens da tomografia, mostrando a volumosa hemorragia no hemisfério cerebelar direito. O hematoma comprimia intensamente o tronco cerebral e já causava hidrocefalia pela obstrução da circulação do líquido cefalorraquídeo. A situação era gravíssima, de vida ou morte.

A internet facilitou muito o atendimento de urgência, pois, mesmo sem estar presente, decidi pela cirurgia imediata, para descomprimir o tronco cerebral e tratar a hidrocefalia, que causava hipertensão intracraniana. Da rua, acionei minha equipe e orientei as primeiras medidas a serem tomadas no hospital. Em menos de uma hora estávamos todos na sala, com a paciente na mesa cirúrgica.

Foi feita uma abertura no crânio na fossa posterior. Ela era muito sangrativa, o que dificultava a cirurgia e a drenagem do hematoma. Não sabíamos com certeza sua causa e não havia mais tempo a perder com outros exames. Por isso, corríamos o risco de depararmos com algum aneurisma ou malformação vascular, que são causas comuns desse tipo de sangramento em jovens adultos. A cirurgia entrou madrugada adentro, e felizmente terminou bem. O hematoma foi removido, o tronco cerebral descomprimido e a hidrocefalia administrada, com colocação de uma drenagem externa.

Ao sair do centro cirúrgico, a família me aguardava, ansiosa. Expliquei o que se passara. O filho me perguntou sobre o risco de sequelas, apesar de, naquele momento, a luta pela vida ainda ser dramática. A situação ficara controlada, mas não estava afastado o risco de morte. Era preciso aguardar, para avaliar a estabilização do quadro. Após duas semanas, a paciente continuava na UTI, em coma, sem sedação. Seus exames confirmavam a lesão do tronco cerebral, apesar da rapidez com que fora atendida e tratada. As perspectivas não eram boas. Seu cérebro não fora atingido, mas o cerebelo e o tronco cerebral estavam comprometidos. Isso quer dizer que, se acordasse, deveria ter sequelas motoras, mas não cognitivas. Seu raciocínio e seus pensamentos estariam preservados. Entretanto, era grande a chance de ter uma paralisia dos olhos para baixo, e precisaria se comunicar piscando. Essa síndrome, terrível, é conhecida como *locked in*, no sentido de que o indivíduo fica "trancado" em si mesmo. Na evolução, a paciente apresentou grave infecção pulmonar e não resistiu.

O progresso digital facilitou a comunicação com os pacientes que desenvolveram sequelas graves. Acompanhei um querido amigo que, em fase avançada de doença neurodegenerativa, interagia apenas com o movimento dos olhos. A empresa em que trabalhava, mobilizada pelo drama, generosamente importou um moderno equipamento para comunicação. O computador apresentava um alfabeto na parte superior da tela, que era capaz de reconhecer a íris dos olhos do paciente. O computador reproduzia cada letra em que ele fixava mais abaixo, até formar palavras e frases. Era dramático, mas possibilitava a comunicação. Após a morte desse meu amigo, o aparelho foi gentilmente doado ao centro de estudos que mantenho, e desde então atende a um jovem que jamais poderia adquiri-lo, e que também está *locked in*, depois de sequela provocada por uma hemorragia.

17. Os AVCs, ou acidentes vasculares cerebrais

O cérebro encontra-se encastelado no alto do pescoço, pulsando e comandando o ritmo de nossas vidas dentro de uma caixa-forte que o distingue e protege do mundo exterior. A única maneira de alcançá-lo é pela corrente sanguínea. Mas a natureza criou ainda outro obstáculo para essa entrada, que é a chamada barreira hematoencefálica. Para constituí-la, as paredes das artérias se modificam ao entrarem no cérebro, perdendo uma de suas camadas e tornando-se mais delicadas. E, em parceria com células do cérebro chamadas de astrócitos, passam a selecionar as substâncias que podem penetrá-lo. É o único órgão que tem esse tipo de proteção, uma verdadeira alfândega anatômica. Os astrócitos têm importante papel na harmonização da atividade neuronal e na estabilidade da barreira hematoencefálica.

Essa barreira foi observada, inicialmente, no final do século XIX pelo cientista alemão Paul Ehrlich, que após injetar corante na circulação de animais notou que todos os órgãos mudavam de cor menos o cérebro, onde o tal corante era embarreirado. Hoje, sabemos que essa barreira limita a troca de substâncias entre o sangue e o sistema nervoso central, e por isso alguns antibióticos, por exemplo, não penetram no cérebro, o mesmo ocorrendo com vários quimioterápicos no tratamento do câncer.

O cérebro dispõe, ainda, de outro mecanismo protetor: a vasorregulação, que controla o volume de sangue intracraniano e, consequentemente, sua nutrição. Assim, quando há baixa de oxigênio, as artérias cerebrais se dilatam, aumentando a entrada de sangue, e o inverso ocorre quando há excesso de oxigênio. O mesmo fenômeno compensatório protege o cérebro de grandes variações da pressão arterial, que induzem a uma contração ou um relaxamento dessas artérias, de acordo com seus níveis, resultando numa estabilidade do fluxo e da pressão intracraniana. Isso explica, por exemplo, por que uma pessoa pode estar assintomática quando sua pressão arterial está muito baixa. Entretanto, os sintomas surgirão se essa queda ultrapassar os limites da compensação da vasorregulação.

Quando essa blindagem adoece ou envelhece, o cérebro fica exposto às agressões. Essas mesmas artérias que o protegem podem lhe causar grandes danos quando falham em sua função primordial, que é de nutri-lo. Por isso, quando há obstrução de alguma artéria, ocorre uma isquemia, que é o sofrimento cerebral naquela região em que faltou sangue, oxigênio e glicose, tecnicamente chamado de AVC isquêmico ou acidente vascular cerebral isquêmico.

Por outro lado, com o envelhecimento e a arteriosclerose, as artérias tornam-se mais rígidas, incapazes de se contrair ou dilatar, comprometendo a vasorregulação. Isso permite que, numa crise hipertensiva, uma pequena artéria cerebral possa se romper, provocando uma hemorragia, também chamada de AVC hemorrágico.

Os AVCs estão entre as mais temíveis doenças neurológicas, e são a segunda causa de morte no mundo. Popularmente chamados de "derrame", esses acidentes costumam deixar graves sequelas.

"Derrame" sugere um derramamento de sangue, o que na maioria das vezes não é o que acontece, pois dois terços dos AVCs são isquêmicos, por entupimento da artéria.

O cérebro corresponde a apenas 2% do peso corporal, mas sua intensa atividade gera um alto metabolismo, que consome 20% do oxigênio e 25% da glicose circulantes. Os neurônios, portanto, são muito dependentes de ambos, e a interrupção prolongada desse fornecimento os leva à morte. Quando uma artéria obstrui, suas paredes também sofrem isquemia pela falta de sangue, desfazendo a barreira hematoencefálica e permitindo, assim, a entrada de substâncias tóxicas que contribuem para a formação do edema e a morte neuronal.

Com frequência, antes de um AVC maior e definitivo, o paciente pode receber avisos, muitas vezes não valorizados, que são pequenos episódios de isquemias, conhecidos como ataques isquêmicos transitórios. Estes devem ser vistos como alertas, como trovoadas que prenunciam a tempestade. Em geral, se manifestam por sintomas momentâneos, como escurecimento da visão, dormência de um braço, visão dupla ou dificuldade para falar. Erroneamente, costumam ser atribuídos a aborrecimentos, pressão elevada ou um "espasmo". Esse é o momento de procurar um pronto-socorro e tentar evitar a catástrofe que está por vir. Roberto Eros, famoso neurocirurgião cubano radicado nos Estados Unidos, sugeriu em editorial do *Journal of Neurosurgery*, a mais importante publicação de neurocirurgia do mundo, que se trocasse o nome de acidente vascular cerebral para "ataque cerebral", na tentativa de associar a gravidade de um AVC à de um ataque cardíaco.

Temos um exemplo típico de aviso de AVC na história moderna do país, quando o presidente Arthur da Costa e Silva, três dias após ter apresentado dois episódios de dificuldade de fala, sofreu um grave AVC, em 30 de agosto de 1969. O presidente, que era hipertenso, encontrava-se sob grande pressão política por ocasião da assinatura do AI-5. Seu AVC foi isquêmico, no hemisfério esquerdo, no território da artéria cerebral média, o que resultou em hemiplegia direita e afasia motora. Ou seja, ele apresentou uma paralisia do lado direito do corpo e estava impossibilitado de falar ou escrever, apesar de entender tudo o que lhe era dito.

Nessa época, não havia tomografia computadorizada nem ressonância magnética, e os diagnósticos eram baseados em exame neurológico ou suposições. Os tratamentos eram ineficazes, e não havia a noção de urgência que temos hoje.

Como meu pai participou da junta médica que o tratou, tive acesso às suas minuciosas anotações. No episódio isquêmico transitório inicial do presidente, em 27 de agosto de 1969, foi-lhe recomendado o tratamento mais moderno de então, que se resumia a repouso absoluto, controle da pressão arterial e prescrição de vasodilatadores, o que não foi capaz de evitar o infarto cerebral definitivo. Confiava-se nos mecanismos reguladores da circulação cerebral, já que não havia muito a ser feito.

Os exames de imagens, tomografias computadorizadas e as UTIs surgiram nos anos 1970 e mudaram a medicina. Trouxeram novos conhecimentos sobre as doenças, suas origens, evoluções e prevenções, que resultaram em protocolos internacionais para o atendimento dos AVCs. Atualmente, os grandes hospitais mantêm equipes médicas multidisciplinares de prontidão: neurologistas, neurorradiologistas, neurocirurgiões, intensivistas.

Se fosse hoje, ao primeiro sinal de isquemia, o presidente Costa e Silva teria sido internado numa UTI neurológica, em caráter de urgência, submetido à tomografia computadorizada e ressonância magnética do crânio para confirmar a isquemia, afastar a hemorragia e avaliar a extensão do acometimento. Se tivesse sido atendido nas primeiras quatro horas, o teriam submetido à medicação trombolítica venosa, para desobstruir o vaso entupido. Se não funcionasse, teriam feito, na sequência, e de imediato, a trombectomia mecânica. Isso significa dizer que se a medicação injetada na veia não fosse suficiente para reverter os sintomas, seria necessário introduzir um cateter pela artéria femural, na virilha, e levá-lo até a artéria obstruída no cérebro para assim remover o trombo. A seguir, ele seria medicado com anticoagulantes ou antiadesivos plaquetários, para fluidificar o sangue, facilitar a circulação e reduzir os riscos de nova obstrução. Esse é um mundo de recursos e possibilidades que inexistiam. O presidente sequer foi internado, tendo sido tratado no Palácio Laranjeiras, da mesma maneira que, vinte anos antes, o rei Jorge VI, da Inglaterra, tinha sido operado de um tumor no pulmão em pleno Palácio de Buckingham. Costa e Silva foi submetido aos dois únicos exames, não invasivos, que existiam na época para avaliação cerebral, e ambos foram feitos a domicílio: o eletroencefalograma e o ecoencefalograma, exame de que a maioria dos médicos mais jovens nunca ouviu falar. Não fez a menor diferença estar em casa, pois lhe foram disponibilizados todos os recursos médicos da época.

Adolescente, acompanhei o caso com extremo interesse, não apenas por ser o presidente da República, mas também pelo fato de meu pai, Paulo Niemeyer, fazer parte da equipe médica, juntamente com seu querido amigo e grande neurologista Abraham Akerman, o clínico geral Mário Miranda e o médico da presidência Hélcio Gomes.

O desconhecimento dos mecanismos da doença era universal. Por sugestão de meu pai, foi chamado, em conferência, o renomado neurologista francês e professor François Lhermitte, que veio ao Brasil e endossou todo o tratamento. O prognóstico era incerto e os médicos pediam tempo para avaliar a evolução, como pode ser visto nas anotações e no diário de meu pai. Havia a necessidade, urgente, de definir o futuro, pois, apesar de estar lúcido, entendendo o que se passava e o que se dizia, o presidente não poderia continuar à frente do governo sem falar nem escrever. A junta militar então apresentou à equipe médica dez perguntas a serem respondidas, por escrito, em 48 horas. Algumas sobre o futuro do paciente, o que tornava a missão impossível.

Com exceção dos primeiros dias, o presidente esteve sempre lúcido, até aonde se podia avaliar. Tinha gosto pelas corridas de cavalos, que acompanhava pelo rádio, e apontava seus favoritos nos programas do Jockey Club, que vinham impressos nos jornais. A estabilização do quadro clínico, sem perspectiva de melhora, entretanto, impediam sua permanência na presidência. Em outubro, seu amigo, o general Antônio Carlos Muricy, foi encarregado por seus pares a conversar com o presidente sobre a conveniência de sua renúncia, o que ocorreu em seguida, tendo assumido o governo, como é sabido, uma junta militar. Em 17 de dezembro de 1969, o presidente Costa e Silva sofreu um infarto cardíaco fulminante e faleceu.

O AVC é uma doença tão ou mais grave que um infarto cardíaco. Ambos podem matar, mas só o AVC pode deixar uma pessoa, para o resto da vida, sem falar, andar, com perda visual e, por vezes, prisioneira do leito. Ambos têm a mesma origem, a deteriorização arterial, ou seja, a doença não é do cérebro nem do coração, mas das artérias que os nutrem. É comum, portanto, a associação de AVC ao infarto cardíaco, como no caso do presidente. Os fatores de risco também são os mesmos: o histórico familiar, hipertensão arterial não controlada, o fumo, a obesidade, o estresse permanente, a raiva, a angústia. Portanto, o adulto que sofre um AVC tem um risco maior de ter um infarto cardíaco e vice-versa.

Os AVCs isquêmicos em jovens adultos têm causas diferentes, pois, como não têm idade para arteriosclerose avançada, devemos pensar em doenças cardíacas congênitas ou distúrbios da coagulação de origem genética. Um amigo me convocou com urgência para ver sua irmã, de 45 anos, que ele encontrara caída, desacordada, em meio a vômitos. Mãe de dois filhos, era uma moça saudável, sem nenhuma doença conhecida até então. Recomendei sua rápida transferência para o hospital mais próximo, pois já corríamos contra o relógio. Ao ser atendida na emergência, foi imediatamente sedada e entubada para garantir uma boa respiração. Ela foi submetida à tomografia do crânio, que foi normal, e eu afastei a possibilidade de hemorragia. A seguir, a ressonância magnética mostrou uma isquemia que comprometia dois terços do hemisfério esquerdo. Uma lesão tão extensa como essa contraindicava o uso de trombolíticos venosos, pois poderia desencadear uma hemorragia fatal. Tampouco tínhamos certeza da hora exata em que se dera o AVC, sendo recomendável respeitar o prazo de quatro horas para a injeção desse medicamento. Perdemos, assim, a primeira chance de tratamento.

Num clima de muita ansiedade da família e apreensão dos médicos, seguimos para o setor de hemodinâmica, com a paciente entubada e em coma induzido. Foi realizado, então, um cateterismo para visualização das artérias cerebrais, confirmando-se a obstrução de dois ramos principais da artéria cerebral média esquerda. Apesar dos riscos, foram injetadas pequenas doses de trombolíticos junto à obstrução, sem sucesso. Tentou-se, a seguir, a remoção dos trombos por aspiração e de forma mecânica, com cateteres especialmente desenhados para isso. Nada. Não havia mais o que ser feito além da medicação convencional. Uma derrota para os médicos e um desastre para a paciente.

Passados os anos, ela continua com hemiplegia direita e afasia de expressão, e fazendo fisioterapia. Apesar de todo o progresso, a doença não está dominada, e o tratamento é eficaz em apenas 40% dos casos. Nunca me conformo com um resultado ruim e sempre me pergunto o que mais eu poderia ter feito. Nesse caso, nada. Tentei absolutamente tudo. Uma investigação posterior mostrou que a paciente era portadora de um distúrbio genético da coagulação, do qual ela não tinha conhecimento, que propiciava um grande risco de trombose, como acabou acontecendo.

Tudo isso posto, ficou mais fácil entendermos a gravidade de uma parada cardíaca que demora a ser revertida, pois o cérebro não admite falta de oxigênio e glicose. Quando isso ocorre, há um sofrimento cerebral difuso chamado de encefalopatia anóxica. O coração volta, mas o cérebro se vai.

Fui chamado para uma conferência médica em Porto Alegre, no Rio Grande do Sul. Tratava-se de um homem de 75 anos, em plena atividade profissional, com inúmeras responsabilidades empresariais, que sofrera uma parada cardíaca súbita na mesa de um restaurante. Como havia médicos presentes, o atendimento foi imediato e o manteve vivo. Ele ficou estendido por quinze minutos no chão do salão onde almoçava, com respiração boca a boca e massagem cardíaca, até a chegada da ambulância. Entubado de imediato, aplicado choque no peito e feita injeção de adrenalina no coração, o órgão voltou a bater, num bom ritmo.

Gostaria de lembrar que apenas 10% das manobras de ressuscitação têm sucesso fora do ambiente hospitalar. Nesse caso, o atendimento foi eficiente, e sua vida foi salva. Entretanto, foram muitos minutos de baixa oxigenação cerebral. Ao chegar à UTI, o paciente foi colocado em coma induzido e em hipotermia, com a redução da temperatura do corpo para 33°C, porque o resfriamento reduz o metabolismo cerebral e, consequentemente, a necessidade de glicose e oxigênio. Esse processo protege os neurônios que ainda têm chance de recuperação.

Os pacientes que evoluem bem costumam dar sinais de acordar do coma a partir do terceiro dia, o que não aconteceu no caso, porque ele sofreu morte neuronal difusa, isto é, grande parte do seu cérebro estava morto, apesar de persistirem os reflexos básicos de respiração e funções autônomas, quadro correspondente ao estado vegetativo persistente.

O estado vegetativo pós-parada cardíaca é menos esperançoso do que o de pacientes com trauma craniano. Nestes, há possibilidade de recuperação até um ano após o acidente. Já nos casos de parada cardíaca, o prazo máximo de recuperação é de três meses, quando o estado passa a ser considerado permanente.

A ressonância magnética do paciente já mostrava grande atrofia de todo o tecido cerebral. O quadro era claro para mim e para os médicos que o acompanhavam. Aquele homem dormindo tranquilamente, abrindo os olhos de vez em quando, alimentava a esperança da família de que fosse acordar, e até pensavam em levá-lo para o exterior em busca de solução. Meu papel era o mais difícil. Afastar a falsa expectativa para que pudessem tomar as decisões necessárias com racionalidade. Jamais tiro a esperança do paciente, mas ali tratava-se da família, que tudo deve saber.

Situações como essa trazem de volta a questão de até onde investir para salvar uma vida. Ainda que nós, médicos, possamos prever um mau desfecho, não nos cabe negar atendimento, e é nosso dever fazer tudo o que esteja ao nosso alcance em benefício do paciente. Mas, se me fossem apresentadas as opções de morrer ou sobreviver dessa maneira, não tenho dúvidas sobre minha escolha...

A legislação brasileira não permite a eutanásia, que é a antecipação da morte. Mas autoriza a ortotanásia, que é a morte pela evolução natural da doença, suspendendo-se toda ajuda médica para prolongar uma vida que já não existe mais. Essa é uma decisão que só pode ser tomada, única e exclusivamente, pela família, cabendo aos médicos apenas aconselhar e acatar. Sem o consenso familiar, deve ser mantido o tratamento com todos os recursos, na chamada distanásia, que é o empenho em manter a vida, ainda que sem esperança, às custas do sofrimento do paciente e da própria família.

Atualmente, nos Estados Unidos, as pessoas são estimuladas a fazer um "testamento vital", que define o que o indivíduo deseja que seja feito em caso de doença grave, em que não esteja em condições de opinar. Guardo comigo alguns testamentos, registrados em cartório, de pacientes e amigos que não desejam ir para CTI, serem entubados ou colocados em ventilação mecânica quando não houver mais chance de viverem plenamente. Esse tipo de manifestação facilita a escolha de rumo em situações que podem se arrastar por muitos anos, sem solução, devastando famílias emocional e financeiramente.

Houve o caso emblemático da americana Terri Schiavo, ocorrido em 2004 e amplamente divulgado pela mídia. Após quinze anos em estado vegetativo, seu marido solicitou à justiça a interrupção da alimentação da paciente, contra a vontade dos pais dela. Seguiu-se um caloroso debate legal e ético, com manifestação contrária do papa João Paulo II, que lembrou os direitos fundamentais do ser humano à vida, mesmo que não tenha mais chances de recuperar a consciência. Um ano após o início do embate, a justiça norte-americana determinou a retirada do tubo de alimentação, e a paciente veio a falecer. Essa conduta, que na época chocou o mundo, hoje é adotada em muitos países, com a justificativa de racionalizar os recursos e dirigir os leitos hospitalares para os pacientes que têm alguma chance de recuperação.

Caso semelhante ocorreu também na França com Vincent Lambert, que se encontrava tetraplégico e em estado vegetativo permanente havia oito anos, desde que sofrera um acidente de motocicleta. De um lado, estavam a mulher e três irmãos, a favor da interrupção de todo o suporte, e contra eles os pais e outros dois irmãos. Em junho de 2015, o Tribunal Europeu de Direitos Humanos autorizou a suspensão da alimentação, decisão que foi confirmada, a seguir, pelo Tribunal de Estrasburgo. Assim foi feito, cessando-se a manutenção da vida de Vincent.

Essas decisões jurídicas firmaram jurisprudência, mas todo o enorme desgaste pode ser evitado se forem realizados os testamentos vitais.

18. Os temidos aneurismas cerebrais

Certo dia, uma amiga me ligou queixando-se de uma dor de cabeça diferente das que costumava ter e que começara, subitamente, enquanto falava ao telefone, como uma pancada na nuca, seguida de uma sensação de algo quente, que escorria pela coluna, acompanhada de fortes náuseas. Passada uma semana a dor persistia, e, apesar de já não ser tão intensa, ainda a acordava à noite. Recomendei que viesse, de imediato, ao hospital, o que ela tentou postergar, alegando compromissos de trabalho, sem se dar conta da gravidade da situação. Queria apenas um remédio. Insisti veementemente que viesse e acionei minha equipe, já na certeza de que seria diagnosticado um aneurisma em fase aguda, ou seja, com hemorragia recente.

Ao chegar, ela foi submetida de imediato a uma tomografia, que confirmou o sangramento, e a seguir a uma angiografia digital por cateterismo, que mostrou um volumoso aneurisma da artéria comunicante anterior. Seria uma cirurgia muito difícil pelo tamanho, formato e pela localização, que era profunda e em região relacionada ao comportamento. Preferi tentar a embolização, através de cateter, mas deixei a equipe cirúrgica preparada caso não fosse possível. Felizmente, tudo correu bem e a paciente teve ótima recuperação.

Esse é um bom exemplo de "*warning leak*", isto é, um pequeno sangramento que dá o alarme da presença de aneurisma e prenuncia uma grande hemorragia, muitas vezes fatal, que está por vir. É sempre bom lembrar também como é muito importante ouvir um paciente que se queixa de dor, pois diagnósticos como esse são feitos na escuta, e o relato é sempre o mesmo: há uma dor de cabeça súbita, aguda, intensa, que alguns descrevem como um soco na nuca. Se a hemorragia for volumosa, o paciente perderá a consciência de imediato. Caso contrário, terá também vômitos e enrijecimento da nuca, com dificuldade para dobrar o pescoço. Muitos têm morte súbita, sem tempo de atendimento.

A microcirurgia vascular intracraniana é das mais desafiadoras, pois exige perícia e muita prática. O tratamento dos aneurismas, das malformações vasculares e as revascularizações cerebrais são três exemplos desse tipo de cirurgia. São procedimentos de alto risco, mas trazem a cura quando bem-sucedidos. O treinamento de um neurocirurgião leva de cinco a dez anos, e a cirurgia vascular está no último degrau a ser atingido, por sua dificuldade técnica e pelos riscos de sequela que envolve.

As artérias cerebrais diferenciam-se das demais do organismo por apresentarem uma camada celular a menos em suas paredes, como já expliquei. Faltam-lhes a lâmina elástica externa, o que as tornam mais delgadas e delicadas. Alguns indivíduos nascem com pontos frágeis nas paredes das bifurcações das artérias e, no decorrer da vida, com a pulsação do sangue, esses pontos vão se dilatando, como uma bola de gás, formando os aneurismas chamados saculares, que são exclusivos do cérebro e nada têm em comum com os que ocorrem em outras regiões. O fato de o paciente ter um aneurisma da aorta abdominal não aumenta o risco de ter também no cérebro, e vice-versa, pois são duas doenças diferentes. Tive a oportunidade de operar três irmãs de uma família de seis filhos. Eu as conheci quando operei uma delas que sofrera uma hemorragia cerebral por rotura de um aneurisma. Ela recuperou--se muito bem e recomendei que todas as irmãs se submetessem a exame de angiorressonância como checkup, já que o único irmão, com quem nunca estive, também passara pelo mesmo problema e ficara com distúrbio da linguagem e dificuldade para falar. Das quatro irmãs, uma se recusou a investigar e outra teve o exame normal. As duas outras também tinham aneurismas, e as operei. Algum tempo depois, a que se recusou a fazer o exame sofreu volumosa hemorragia cerebral no Aeroporto Internacional de São Paulo, enquanto aguardava embarque para a Europa. Foi operada de urgência, mas nunca se recuperou, tendo permanecido em estado vegetativo por muitos anos, até falecer.

Portanto, bem mais grave do que a cirurgia, é a hemorragia, e a genética é fundamental.

As estatísticas internacionais confirmam a gravidade dessas hemorragias, já que 50% dos pacientes que sofrem hemorragia de aneurismas virão a falecer nos primeiros trinta dias, independentemente do tratamento que receberam. Dos outros 50% que sobrevivem, 30% terão sequelas neurológicas graves. O diagnóstico dos aneurismas cerebrais era feito, tradicionalmente, pela angiografia cerebral, exame invasivo, realizado sob anestesia geral, com injeção de contraste nas artérias carótidas e vertebrais, não sendo recomendável como checkup. Com o advento da angiografia por ressonância magnética, que é um exame não invasivo, passou a ser possível o diagnóstico dos aneurismas antes de romperem. Trata-se de uma investigação sem risco e sem necessidade de anestesia ou contraste, que pode, e deve, ser acrescentado em todo checkup de rotina. Por que investigar o coração e não o cérebro? Quando o aneurisma é tratado a tempo, antes da ruptura, o risco de morte ou sequelas cai para apenas 5% dos pacientes, contra os 50% depois da ruptura. Não há razão para não investigar, principalmente quando há histórico familiar.

Tenho um amigo que procurou seu clínico queixando-se de dor na ponta do nariz e querendo fazer uma tomografia dessa região. Apesar do aspecto normal, seu médico, diante da insistência, solicitou o exame para satisfazer sua vontade. Pelo inusitado do pedido, o técnico de imagem considerou que houvera um engano e fez uma tomografia mais para trás, dos seios da face. A surpresa foi geral quando a ampliação da área fotografada mostrou um aneurisma intracraniano. Diante do achado, não se falou mais no nariz, e a angiorressonância confirmou o diagnóstico. Uma sorte do destino.

Eu o operei. Era um aneurisma já grande, da artéria cerebral média, a ponto de romper, e correu tudo muito bem. Após sua recuperação, o filho dele, de 25 anos, alegando ter tido sempre as mesmas mazelas do pai, pediu para ser investigado. E confirmou-se a genética: ele também tinha um aneurisma por baixo do nervo óptico, que operei a seguir, com bom resultado. Esses casos reforçam a ideia de que todos os que fazem checkup regularmente deveriam incluir, entre seus exames, a angiorressonância do cérebro, ao menos a cada cinco anos.

Atualmente, o tratamento dos aneurismas conta com a opção do método endovascular, sem a necessidade de abertura do crânio, como já expliquei antes. Entretanto, nenhum dos dois procedimentos é perfeito. Alguns casos são melhores para cirurgia, outros para o tratamento endovascular. Trabalhamos em conjunto. Tenho também em minha equipe profissionais especializados em embolização, e discutimos todos os casos, para decidirmos o melhor tratamento para cada um.

Alguns pacientes têm, ocasionalmente, mais de um aneurisma, e até múltiplos, e as duas técnicas podem ser utilizadas no mesmo doente, dependendo do tamanho e da característica de cada um. A preocupação com o método endovascular, que é feito por cateter e pela virilha, é que nem sempre garante a cura, pois dependendo da localização e do volume o aneurisma tende a reencher, e é recomendável manter um controle de tempos em tempos para identificar esses casos. Muitos precisarão de novo procedimento.

Operei uma paciente, internada no Instituto Estadual do Cérebro do Rio de Janeiro, com perda visual, que fora tratada quatro anos antes, por embolização endovascular, de um grande aneurisma que comprimia seu nervo óptico esquerdo e lhe causava redução da visão nesse olho. Passara bem desde então, mas recentemente voltara a piorar da visão, desta vez em ambos os olhos. Os novos exames mostraram que o aneurisma voltara a se encher e tornara-se gigante, comprimindo o quiasma e os nervos ópticos. Colocar mais molas pioraria a situação, e a cirurgia convencional não era adequada para este caso, diante do volume do aneurisma. A única saída era fechar a artéria carótida esquerda, que nutria não só o aneurisma, mas também o hemisfério dominante.

O risco de provocar um infarto cerebral era enorme. Ainda mais no hemisfério esquerdo, que, como vimos, abriga a linguagem e o raciocínio lógico, matemático. Decidi, então, por um procedimento de revascularização cerebral, de alto fluxo, antes de fechar a carótida, ou seja, fazer um bypass, uma ponte, usando uma artéria calibrosa que pudesse substituir a carótida na nutrição do hemisfério. Assim foi feito. Para tanto, retirei a artéria radial do seu braço para fazer a ponte entre a carótida e a artéria cerebral média, que é a mais importante do cérebro. Era preciso interromper a circulação cerebral por trinta minutos, e para reduzir seus riscos foi feita uma anestesia geral profunda, sob monitorização, para conseguirmos zerar a atividade elétrica cerebral e com isso diminuir o metabolismo do cérebro e sua necessidade de oxigênio e glicose.

Felizmente, tudo correu muito bem, sua carótida foi fechada com segurança e seu hemisfério cerebral passou a ser nutrido pelo implante da artéria do braço. Era sua única chance, apesar de ser um procedimento enorme e de muita gravidade. Essa moça escapou da cegueira e do rompimento do aneurisma. A experiência mostra que pacientes que estão perdendo a visão não são bons casos para o método endovascular.

As cirurgias tampouco são sem riscos, e os resultados são melhores à medida que o cirurgião vai ganhando vivência. Recentemente, operei uma paciente, de 58 anos, com volumoso aneurisma da bifurcação da carótida esquerda. Um achado de checkup. Era uma paciente assintomática, mas que já havia sido operada de outro aneurisma, há vinte anos, do lado oposto. Todas as características do atual indicavam que a cirurgia seria a melhor escolha. Tudo correu muito bem, sem intercorrências, mas a paciente acordou afásica, sem falar e compreender, e com o lado direito paralisado. O que fazer?

Numa rápida reunião com a equipe, colhi as mais diversas opiniões, que iam desde aguardar e observar até a mais difícil de todas: reoperar imediatamente e retirar o clipe. Qualquer que fosse a decisão, não poderia ser demorada, pois parecia haver uma evidente isquemia cerebral em andamento, e o tempo corria.

Mandei chamar a família. Na porta do centro cirúrgico, expus a situação e a minha decisão de retirar o clipe. Recebi carta branca, e a paciente, que permanecia em sala, foi reanestesiada e teve o crânio reaberto. A cirurgia, que parecia perfeita, foi desfeita. Para alívio de todos, ela acordou falando e movimentando os quatro membros, sem lembrança de tudo o que se passara. No dia seguinte, após ampla explicação do ocorrido, foi submetida à embolização endovascular por nossa equipe, com ótimo resultado. Esses aneurismas, em sua maioria, encontram-se embaixo do cérebro, que precisa ser deslocado. Provavelmente, neste caso, ao retornar à posição original, o lobo frontal empurrou o clipe, dobrando a artéria cerebral média e interrompendo seu fluxo. Decisões como essa são mais difíceis que a cirurgia em si, e exigem muita experiência.

Outra grande dificuldade é o sangramento do aneurisma durante a cirurgia, o que também é uma prova para o cirurgião. É preciso manter a calma, ainda que o coração dispare. Não podemos nos afobar, pois a hemorragia, ao microscópio, parece um maremoto vermelho. Nunca perdi um paciente na sala, mas isso pode acontecer se, no momento crucial do sangramento, não houver coragem e determinação de prosseguir e enfrentar o aneurisma. Costumo dizer aos meus alunos que, assim como o cavalo percebe quando o cavaleiro está inseguro, o aneurisma também parece se dar conta quando o médico tem medo e fica manipulando-o em excesso, sem objetividade, inseguro de clipá--lo. É aí mesmo que ele sangra, em desafio, criando ainda mais dificuldades para sua obstrução, e muitas vezes comprometendo o resultado do tratamento. O aneurisma deve ser respeitado, mas quem tem o clipe na mão é o cirurgião.

Certa vez, fazendo uma conferência sobre aneurismas, na belíssima Academia Francesa de Medicina, diante de uma plateia de acadêmicos de especialidades variadas, apresentei alguns vídeos a título de ilustração. Em um deles, mostrava justamente a ruptura de um aneurisma, visto ao microscópio, durante a cirurgia, subitamente, como um vulcão vermelho explodindo na tela. O susto foi tal que provocou um silêncio mortal na sala até que, no filme, eu finalmente conseguisse dominar o aneurisma. "Podíamos ouvir uma mosca voando", foi o comentário do então presidente da Academia Francesa, François Hollande, em seu discurso no dia seguinte no jantar de encerramento, ao relembrar o que se passara. Apesar de possíveis contratempos, a cirurgia, quando bem escolhida, cura. É uma grande satisfação encontrar pacientes operados há muitos anos que estão bem, levando vida normal. Por mais que tenha sido explicado, eles jamais farão a menor ideia da gravidade da doença que venceram. Alguns trazem lembranças divertidas, como a do prefeito de uma cidade do interior que sofreu uma hemorragia pequena, diagnosticada a tempo, e foi transferido imediatamente para o Rio para ser operado. Ele tinha um aneurisma volumoso da artéria comunicante anterior, entre os dois lobos frontais. Por razões técnicas, decidi operá-lo por via inter-hemisférica, região onde se encontram os giros do cíngulo, aos quais já me referi, e que estão relacionados com as emoções e o comportamento. É uma região profunda e mais complicada para alcançar o aneurisma. Quando a cirurgia é feita nos primeiros dias de sangramento, como no caso dele, tudo é ainda mais difícil, pois o cérebro encontra-se inchado, edemaciado, vermelho, tenso, zangado. Era inevitável sua maior manipulação, mas ainda assim a cirurgia correu muito bem.

No dia seguinte, o prefeito encontrava-se inteiramente confuso e desorientado, me chamando por outro nome, querendo ir para casa, contando histórias que não eram reais. Eu já tinha visto casos semelhantes e sabia que a confusão mental seria passageira, mas poderia levar algumas semanas para o cérebro se recompor. O problema era que ele estava em pleno mandato e tinha uma licença de afastamento de apenas quinze dias, devendo ser substituído por seu vice se o tratamento ultrapassasse o prazo. Todos na cidade queriam saber notícias. Certa noite, até o governador do Estado veio vê-lo no hospital. Ao abrir a porta do quarto, foi atingido por um travesseiro certeiro, que o obrigou a recuar e sair. Daí em diante, a pedido da família, proibimos as visitas. Na véspera de expirar sua licença, e sem que tivesse tido melhora significativa da confusão mental, resolvemos que seria melhor dar-lhe alta hospitalar, para que fosse se recuperar em casa, ainda que isso pudesse lhe trazer problemas políticos. Na saída, a família, preocupada em evitar a exposição do paciente, ocupou todo o elevador com os amigos, evitando assim a entrada de estranhos. Desceram os doze andares protegidos, mas, para surpresa de todos, o saguão do hospital estava repleto de jornalistas. Ao deparar com os repórteres, o prefeito/paciente se transformou, como se houvesse levado um choque de realidade. Ao contrário do que imaginávamos, esse encontro foi um sucesso. À moda Churchill, fez o V da vitória com ambas as mãos, deu entrevistas e foi recebido em sua cidade com faixas de boas-vindas, desfilou em carro aberto e assumiu a prefeitura. Somos amigos até hoje, e ele nem imagina o que foram essas duas semanas.

19. A evolução da neurocirurgia: Cirurgia intrauterina

Há um antigo bordão popular que diz que de urna eleitoral e barriga de mulher, nunca se sabe o que sairá. O progresso científico, entretanto, tornou esses dizeres ultrapassados, pois desvendou os segredos uterinos. Hoje, com exames genéticos do líquido amniótico, ultrassonografia de alta definição e ressonância magnética, podemos saber, de antemão, o sexo e o número de bebês, se há ou não malformações, e muito mais. Dificilmente haverá surpresas. Ganhou-se em precisão e perdeu-se em romantismo. Todos os truques para adivinhar o sexo do bebê, como formato da barriga, dia da fecundação e tantas outras superstições, não fazem mais sentido. Os mistérios e emoções daquela "urna", que antes do nascimento deixavam as famílias ansiosas, acabaram. Todavia, muitos problemas graves passaram a ser detectados a tempo de serem corrigidos, como no caso que conto a seguir.

Tratava-se de uma jovem mulher em sua primeira gestação, aguardando ansiosa seu próximo ultrassom. O primeiro mostrara um menino começando a se formar, prenúncio de uma gravidez tranquila. Acompanhada da irmã, chegou à maternidade meia hora antes do exame, cheia de sonhos e com a barriga já saliente. Os equipamentos modernos de ultrassom mostram a criança com toda a riqueza de detalhes, suas feições, seus movimentos, seus órgãos internos. Dessa vez, já com vinte semanas de gestação, o exame foi mais demorado, e o operador pareceu ter alguma dificuldade, pois a cada instante passava mais gel e insistia com o transdutor em determinada posição, pressionando-o contra o ventre da paciente. Finalmente, veio a sentença:

"Apareceu um probleminha com o neném e vamos ter que ouvir a opinião do chefe do setor."

O mundo veio abaixo. O exame mostrara que o menino tinha um defeito do fechamento da coluna vertebral, chamado de mielomeningocele, em que a medula e as raízes nervosas ficam em contato com o líquido amniótico e, após o nascimento, expostas ao tempo, visíveis, sem cobertura. Como consequência, as crianças nascem com graves sequelas neurológicas, em geral paraplégicas, e necessitam ser operadas nas primeiras 24 horas de vida para evitar meningite e outras complicações. Um drama familiar.

Fomos então contactados no Instituto Estadual do Cérebro pela direção da Maternidade-Escola da UFRJ, que propunha operar o feto dentro do útero nos próximos 45 dias, prazo limite para o procedimento, pois era a única chance de evitar as sequelas. Faz parte de nossa equipe um dos melhores neurocirurgiões pediátricos do país, o dr. Gabriel Mufarrej, e no instituto dispomos de todos os equipamentos necessários para essa cirurgia, de alta complexidade e grande risco.

Com o apoio da Secretaria Estadual de Saúde do Rio de Janeiro, rapidamente formalizamos um convênio de parceria com a Maternidade-Escola da UFRJ e, dentro do prazo, a futura mãe foi internada no Instituto. Era a primeira vez que se realizaria tal procedimento no Rio de Janeiro.

A equipe da obstetrícia, comandada pelo dr. Jair Braga, abriu a pelve da jovem e exteriorizou seu útero, que parecia um grande balão vermelho. Com o ultrassom, estudou a posição do menino e localizou o ponto exato em que se encontrava a lesão. Era uma novidade para todos nós. A cirurgia, cercada de certa emoção, era transmitida ao vivo para o anfiteatro do instituto, onde estudantes, residentes e funcionários acompanhavam o passo a passo. Em seguida, através de uma pequena abertura na parede do útero, o dr. Gabriel, com auxílio do microscópio, corrigiu o defeito congênito da medula do feto, evitando seu contato com o líquido amniótico, que é o que lesa a medula, levando à paraplegia. Ao final, todos aplaudiram com emoção. A gestante teve alta em 48 horas e sua gravidez evoluiu sem outros problemas. E o melhor: após alguns meses, o menino veio ao mundo movimentando as perninhas. Sucesso total. Desde então, outras mães foram encaminhadas pela Maternidade-Escola para o Instituto do Cérebro, e essa parceria vem salvando muitas crianças.

A mielomeningocele é uma malformação congênita do sistema nervoso central, que se dá entre a terceira e a quarta semanas de gestação. Nesse período, pode ocorrer uma falha no fechamento do tubo neural, resultando num defeito de fechamento das vértebras, deixando expostas a medula, as raízes nervosas e as meninges. As causas dessa malformação são múltiplas, como obesidade materna, diabetes, alguns anticonvulsivantes, hipervitaminose A e, principalmente, a falta do ácido fólico, que é a vitamina B9.

A incidência de crianças com defeitos de fechamento do tubo neural é bem maior em populações de baixa renda, e pode ser drasticamente reduzida com a simples suplementação da vitamina B9, já antes da gestação.

Segundo a OMS, em 2003, a França e a Inglaterra eram os países com menor prevalência de mielomeningocele, enquanto

México e Venezuela eram os campeões. O Brasil ocupava, na época, um lamentável quarto lugar. Mas, desde 2002, por determinação da Agência Nacional de Vigilância Sanitária (Anvisa), foi acrescentado ácido fólico às farinhas, confirmando-se posteriormente a eficácia da decisão. Novo estudo, publicado em 2011, mostrou, felizmente, a redução, em 40%, da ocorrência de casos no Brasil. Essas malformações são gravíssimas e podem ocorrer também no crânio, propiciando o nascimento de crianças sem cérebro ou com ele exposto.

O cérebro só inicia sua formação a partir do 16º dia de gestação, quando já estarão presentes as três camadas de células germinativas: endoderma, mesoderma e ectoderma. Começa aí o chamado período fetal, em que ele crescerá e tomará forma, e seus órgãos se desenvolverão. As malformações se dão com maior frequência, portanto, entre a terceira e a oitava semanas. Por isso, nesse período são maiores os riscos de se fazer exames que usem raios X, usar determinados anticonvulsivantes, fazer uso de álcool e drogas e se expor a infecções como rubéola, toxoplasmose e zika. O vírus zika tornou-se grande ameaça para as gestantes, pois é transmitido por mosquito, não bastando evitar o simples contato com o portador, como no caso da rubéola.

Na primeira grande epidemia de zika no Brasil, assistimos a um surto de nascimento de crianças com microcefalia, doença que sempre existiu por razões diversas, mas que se multiplicou devido ao vírus, aterrorizando o país. Nos bebês de até dois anos, os ossos do crânio são soltos, com espaços entre eles, que chamamos de fontanelas ou, popularmente, de moleiras. Isso permite que o crescimento do cérebro empurre os ossos, aumentando e formatando o crânio. Quando a criança nasce, o perímetro cefálico mínimo, considerado normal, é, em média, de 32 cm. Abaixo dessa medida, devemos suspeitar de microcefalia. Se os ossos do crânio já se soldaram, estamos diante de uma doença chamada de craniossinostose, que é o fechamento precoce das moleiras, impedindo o crescimento do cérebro. Esses são casos bons para cirurgia, que soltará os ossos, corrigindo o defeito. Já nos casos em que o crânio é pequeno e as fontanelas estão abertas, o cérebro não está crescendo por ter sofrido nas semanas iniciais de gestação. Esses bebês são malformados, com aspecto doentio, e lhes faltam estruturas. É uma situação muito grave, sem tratamento. Na epidemia de zika de 2017, o Instituto Estadual do Cérebro foi acionado e tornou-se o centro de referência do estado do Rio de Janeiro para as crianças e as gestantes infectadas. Todas foram amplamente investigadas, ficando evidente, pelos exames, o que já se suspeitava. O vírus tinha uma predileção absoluta pelo cérebro em desenvolvimento, provocando nele graves lesões, deformidades e atrofias. Alguns vírus têm afinidade pelas meninges e causam meningite, outros pelo fígado e produzem os vários tipos de hepatite. No caso do zika, seu alvo são as células-tronco cerebrais. Por isso, pouco pudemos oferecer como tratamento, pois, por enquanto, não há como recuperar o tecido lesado.

Dessas observações, entretanto, surgiu a ideia de utilizar o vírus zika como remédio para atacar os tumores cerebrais altamente malignos, sem tratamento eficaz, que se originam em células-tronco tumorais. Algumas vezes, as boas ideias não são exclusivas de uma única pessoa, e na ciência pode ocorrer, simultaneamente, o mesmo foco de estudo em outros centros de pesquisas. Foi assim com o zika. A Universidade de São Paulo (USP) teve a mesma percepção que nós, do Instituto do Cérebro, da possibilidade de utilizar o vírus no tratamento de tumores malignos cerebrais. Hoje, somamos esforços e trocamos experiências para escolher a melhor maneira de cumprir a legislação vigente, utilizar o vírus e evitar complicações para os pacientes, levando assim o projeto adiante. Todas as pesquisas em humanos passam pelo controle rígido de órgãos governamentais, como deve ser.

As atrocidades cometidas durante a Segunda Guerra Mundial, quando pessoas foram utilizadas como cobaias, resultaram no Código de Nuremberg, em 1947, primeiro documento que une ética à pesquisa. No ano seguinte, a ONU emitiu a Declaração Universal dos Direitos Humanos e em 1982 manifestou-se a OMS. A partir de então, as diretrizes éticas foram se aperfeiçoando, e dispomos hoje de regras bem definidas para testes em humanos.

Grandes descobertas científicas originaram-se de simples observações. Talvez estejamos diante de mais uma. Se não se concretizar, terá sido um belo sonho.

20. A medula espinhal: Uma autoestrada para o cérebro

Numa tarde de fim de semana, fui chamado para receber um paciente que vinha do interior do estado, de ambulância, com dormência nas pernas após uma queda de cavalo. Havia uma suspeita de fratura da coluna cervical.

Ao examiná-lo, ficou evidente que se encontrava tetraplégico, sem movimentos e sensibilidade nos quatro membros. Mexia apenas o pescoço. Foi, rapidamente, submetido à tomografia e ressonância magnética, que evidenciaram a luxação de C5-6. Ou seja, houve uma fratura na articulação da quinta vértebra cervical com a sexta, permitindo o deslocamento anterior da primeira e compressão da medula. A necessidade de descompressão cirúrgica era clara e urgente, seguida de fixação com parafusos para estabilização da fratura. Havia, entretanto, um senão: a família precisava saber que ele estava tetraplégico, e não apenas com dormência nas pernas, como fôramos inicialmente informados. Como costumo fazer, chamei a mulher do paciente para colocá-la a par da gravidade e solicitar autorização para a cirurgia. Enfatizei que ele se encontrava paralisado abaixo do pescoço, e não apenas com dormência, mas o fato de eu ter utilizado a palavra "tetraplégico", que é o termo técnico para essa situação, a afligiu sobremaneira. No dia seguinte, amigos em comum me ligaram com críticas. Às vezes somos duros sem perceber, mas era uma informação que não podia ser omitida e precisava ser clara, não podia deixar dúvidas. Para levá-lo ao centro cirúrgico, era fundamental que a família estivesse plenamente ciente da realidade.

O paciente foi operado com sucesso, e era preciso aguardar. Nos dias seguintes, sua mulher me procurou, agora totalmente ciente da gravidade, e me presenteou com uma linda foto de Pierre Verger, fotógrafo francês que morou na Bahia nos anos 1960. O trabalho documenta um grupo de pescadores fazendo grande esforço para retirar a rede do mar. Ela me disse: "Precisamos ter um pensamento único e positivo, pois se todos nós fizermos força na mesma direção, como esses pescadores, ele vai ficar bom".

Ela tinha razão. Ele recuperou-se progressivamente, voltou a andar e ganhou independência. Essa foto encontra-se no meu consultório e a utilizo com frequência, repetindo as palavras da mulher sempre que preciso estimular uma família num momento difícil.

Num caso como esse, ainda que a ressonância não mostrasse a secção da medula, não havia garantia de recuperação, era preciso esperar. Quando há um traumatismo medular, segue-se um estado clínico conhecido como choque medular em que todas as suas funções e os reflexos desaparecem por alguns dias ou semanas. Nessa fase, não é possível fazer um prognóstico seguro, afirmar se a lesão é ou não definitiva, se haverá ou não recuperação. Por isso, devemos sempre acreditar que há uma chance e tratar, agressivamente, todos esses pacientes, ainda que, num primeiro momento, a paralisia seja completa.

A medula é muito bonita de ser vista, seja a olho nu ou no microscópio. Como uma pérola virgem, encontra-se protegida por uma carcaça óssea poderosa, que é a coluna vertebral, e se estende desde o tronco cerebral até o nível da segunda vértebra lombar. É necessária uma abertura óssea para expô-la, e quando seccionamos a espessa meninge que a protege deparamos com uma estrutura branca, brilhante, imponente, banhada por um líquido claro como água mineral. Em sua superfície, algumas pequenas veias e artérias avermelhadas se destacam. Sua beleza é muito atraente e sedutora, escondendo uma fragilidade que exige toda a cautela e muito respeito.

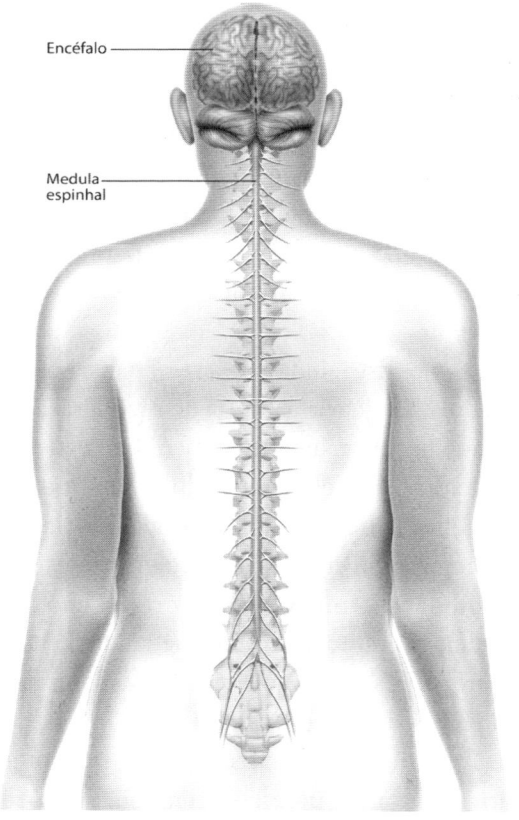

Encéfalo

Medula espinhal

Em sua porção anterior, passam os feixes sensitivos, que se originam em neurônios da medula e se dirigem ao cérebro conduzindo, principalmente, as sensações de dor e temperatura do corpo, formando a via sensitiva, chamada de espinotalâmica. Em seus cordões laterais, estão os feixes motores, que partem do cérebro, originando-se em neurônios do córtex, que têm o aspecto de pirâmide e por isso formam o feixe piramidal, que é a principal via motora do sistema nervoso e que atravessa toda a medula, de cima para baixo, comandando a execução dos movimentos. Em sua porção posterior, estão os fascículos que ascendem, transportando as informações sensitivas, superficiais e profundas, como o tato e a posição de cada membro.

Em suma, todos os fascículos que descem pela medula têm função motora, e todos os que sobem têm função sensitiva. Ela é uma grande avenida de mão dupla.

Esses feixes sensitivos e motores mudam de lado antes de chegarem a seus destinos, assim uma lesão da área motora cerebral à direita provocará uma perda de movimentos à esquerda do corpo. O mesmo ocorrerá com a sensibilidade, e o conhecimento dessa anatomia dá precisão ao exame neurológico. Então, quando há uma lesão na porção anterior da medula, teremos perda da sensibilidade à temperatura e dor, com preservação do tato, que é conduzido na região posterior. Isso significa que o paciente não sentirá o espetar de uma agulha, mas perceberá a maciez de um algodão.

Quando a lesão envolve a porção central da medula cervical, são interrompidas as fibras motoras que se dirigem aos membros superiores, e portanto o paciente pode caminhar, mas tem os braços paralisados. Quando apenas uma metade da medula está comprometida, temos a síndrome de hemisecção medular, em que o paciente perde a sensibilidade de uma perna e a força da outra. Enfim, são inúmeras as possibilidades. Uma vez feito o diagnóstico, devemos realizar os exames de imagens, de acordo com a localização clínica da lesão, para investigar o tipo e a extensão dela.

A medula, como já disse, funciona como uma grande via de mão dupla, por isso sua secção provoca no indivíduo uma paralisia completa, sensitiva e motora, do nível da lesão para baixo. O feixe piramidal é interrompido, não havendo mais comando além da lesão. O mesmo se passa com a sensibilidade, pois, com a interrupção dos feixes sensitivos, as informações não chegam ao cérebro.

A medula contém neurônios em todos os seus níveis, que por estarem funcionalmente subordinados ao cérebro são chamados de "segundos neurônios". Eles dão origem aos nervos periféricos e produzem os reflexos musculares. Já os neurônios cerebrais, chamados de "primeiros neurônios", em função de sua hierarquia, emitem instruções e modulam as atividades dos neurônios medulares, de acordo com a necessidade da postura e dos movimentos.

Quando ocorre uma lesão na medula, há uma interrupção na comunicação, e o cérebro perde o comando sobre os segundos neurônios medulares, que ficam livres da dominação e passam a funcionar de maneira independente. Estes, então liberados do controle superior, tornam-se hiperativos e passam a estimular a musculatura paralisada em excesso, resultando em hipertonia, que é um aumento do tônus muscular, e no surgimento de alguns reflexos anormais. Desse modo, uma pessoa que sofreu um AVC e que tem o braço rígido e flexionado, não conseguindo abrir a mão, é um exemplo típico de lesão do primeiro neurônio. Já quando a extremidade fica flácida e sem tônus, em geral se deve à "lesão do segundo neurônio".

Lembro-me de um professor universitário que sofreu um AVC isquêmico, restrito a pequena área do cérebro, e que resultou em paralisia do seu braço esquerdo, com grave hipertonia. O braço se mantinha fletido contra o peito, o punho e a mão fechados, e não podia ser movimentado mesmo com ajuda. Essa contratura permanente tornou-se extremamente dolorosa, impedindo-o de se concentrar em seus estudos e pequisas. Ele chegava até a ferir a mão pela pressão das unhas.

Quadros como esse são de difícil solução, pois não respondem à medicação. Após várias tentativas, terminei por desnervar parcialmente seu membro superior, seccionando algumas raízes nervosas junto à medula. Com isso, consegui impedir que aqueles estímulos excessivos dos neurônios liberados chegassem ao braço, o que resultou em relaxamento muscular e alívio da dor.

O reflexo neurológico mais famoso é o sinal de Babinski, que só está presente quando há comprometimento do feixe piramidal. É a alteração mais importante que pode ser encontrada num exame neurológico. Ao passarmos uma chave ou qualquer instrumento pontiagudo na planta do pé do paciente, devemos observar o movimento do hálux, que é o dedo grande. Se ele se mover para cima, em extensão, estaremos diante de um sinal de Babinski.

Joseph Babinski foi um neurologista francês que trabalhou com Charcot no hospital da Salpêtrière, em Paris, no final do século XIX. Babinski descreveu sua observação em menos de uma página numa publicação médica. O reflexo que o imortalizou traduz a hierarquia do sistema nervoso central. Até os dois anos de idade, esse reflexo é normal, pois o cérebro ainda está em organização, e os neurônios medulares ainda têm certa independência. Quando o feixe piramidal amadurece, ele passa a dominar, inibindo com isso os neurônios de nível inferior, e o sinal de Babinski desaparece. A partir de então, quando estimularmos a planta do pé de um adulto, o hálux deverá apontar para baixo, em flexão, e o sinal de

Babinski só reaparecerá se houver uma lesão do feixe piramidal, liberando o neurônio, como nos bebês.

Apesar de todo o progresso tecnológico, as imagens não substituem o exame clínico, que ainda é fundamental para o diagnóstico. Quando investigamos um paciente que se queixa de dificuldade para caminhar, devemos sempre pensar nas inúmeras causas, mas, se o sinal de Babinski estiver presente podemos afirmar, com segurança, que se trata de lesão no sistema nervoso central, com o detalhe de que se for de um lado só, sugere comprometimento cerebral, e se for bilateral, na medula.

Tive um paciente que apresentava redução da força de flexão dorsal do pé direito, ou seja, tinha dificuldade para elevar a ponta do pé quando caminhava, tropeçando com frequência. Essa é uma alteração muito comum nas lesões do nervo ciático, e todos os seus exames haviam sido dirigidos para essa região: ressonâncias e eletroneuromiografias focavam na coluna lombar e nos nervos periféricos. Como toda a investigação resultou normal, o paciente continuou sem diagnóstico e decidiu me procurar.

Depois de rever tudo o que ele trazia, eu já não tinha muita esperança de esclarecer o caso, pois sua história clínica também era muito pobre, e não acrescentava maiores informações. Pedi-lhe, então, que deitasse na maca para ser examinado, o que ele estranhou e me deixou perceber que, apesar de tantos médicos, imagens e laboratório, o paciente nunca havia passado por um exame clínico-neurológico. Para minha surpresa, quando passei a chave na planta do seu pé, o hálux apontou para o céu. Matei a charada.

Solicitei uma ressonância cerebral de urgência, e lá estava um volumoso tumor intracraniano, com aspecto típico de meningeoma, comprimindo a área motora do cérebro correspondente à perna direita. Num primeiro momento, o paciente ficou revoltado pelo tempo que perdera e pela quantidade de exames desnecessários a que se submetera. A cirurgia correu bem, e consegui remover o tumor por completo. Com o tempo, o paciente acabou entendendo as dificuldades que podem existir para um diagnóstico. Só nunca se conformou por jamais terem passado a chave na planta de seu pé.

Voltando à medula, os traumatismos nessa região costumam ser muito graves, e poucos são os casos que têm a felicidade de apresentar alguma recuperação. Nos anos 1950, ao limpar uma arma em casa, o piloto oficial da presidência da República provocou um disparo acidental que atingiu a medula de seu filho, então com cinco anos. O menino ficou paraplégico de imediato, e todos os recursos médicos conhecidos no país não foram capazes de curá-lo. Na época, o mundo vivia a Guerra Fria entre os Estados Unidos e a União Soviética, e não havia nenhum contato científico ou cultural do Ocidente com os países da Europa oriental, que viviam sob a chamada Cortina de Ferro.

Na esperança de que houvesse algum tratamento por lá, o então presidente Juscelino Kubitschek solicitou a meu pai que acompanhasse o menino até Moscou, no avião presidencial, à procura de uma solução. Assim foi feito, mas, infelizmente, em vão, pois tudo o que eles sabiam já era do nosso conhecimento. Para não dizer que a viagem foi de todo perdida, meu pai observou que os cirurgiões russos operavam as colunas com os pacientes em decúbito lateral, isto é, deitados de lado, e não em decúbito ventral, de barriga para baixo, como era habitual no Ocidente. Após considerar as inúmeras vantagens, adotou a nova posição lateral em suas cirurgias, e hoje identificamos os seus ex-alunos pela maneira como posicionam seus pacientes na mesa cirúrgica.

Desde então, houve pouco progresso nessa área. Se a medula é seccionada, o corpo fica dividido: uma parte é comandada e a outra é independente.

Há alguns anos, atendi um paciente, vocalista de um grupo musical muito conhecido na cidade, que se acidentara surfando na deserta Praia do Diabo, na Zona Sul do Rio de Janeiro. Ao ser pego por uma onda e bater a cabeça no fundo do mar, fraturou a coluna cervical e ficou tetraplégico no ato. Boiou de bruços, com o rosto imerso na água, e não conseguia se mexer. Acreditou que morreria afogado em mais ou menos dois minutos, que era o tempo que conseguia ficar debaixo d'água nas brincadeiras de criança. Mas, para sua sorte, uma mão inesperada o virou para cima. Foi salvo por outro surfista, desconhecido até hoje, mas que percebeu o acidente e foi em seu socorro.

Fui chamado para vê-lo quando se encontrava, havia uma semana, num hospital público, aguardando por uma cirurgia que já havia sido desmarcada duas vezes, por diferentes razões. Ele encontrava-se tetraplégico, movimentando apenas a cabeça, preso a um aparelho de tração que procurava realinhar, sem sucesso, a luxação de sua quinta vértebra cervical.

Solicitei, imediatamente, sua transferência para o hospital onde eu atuava e o submeti a duas cirurgias. Na primeira, por via anterior, realinhei sua coluna e a fixei, com placa e parafusos; depois, por via posterior, ampliei o canal medular, com a remoção das lâminas, e reforcei a fixação. Sua medula cervical foi descomprimida e a coluna, estabilizada. Esse paciente, que parecia um caso perdido, começou a melhorar, progressivamente, voltando a mexer as pernas e depois os braços. Ao final de alguns meses, estava dançando de novo no palco e comandando a banda. Ele sofrera uma lesão vertebral grave, que comprimira sua medula mas, felizmente, não a seccionara, o que permitiu sua recuperação.

Só que essa história de final feliz não terminou por aí. Após alguns meses, fui procurado por dois cineastas americanos que queriam meu depoimento sobre o caso. Por coincidência, eles estavam no Rio de Janeiro fazendo um documentário sobre a cidade e seus personagens, e já haviam entrevistado algumas personalidades cariocas, entre elas nosso cantor, quando houve o acidente. Assim, tinham gravadas imagens dele e de seus shows antes do trauma, e a partir de então filmaram também sua chegada e saída do hospital, e todo o seu esforço de recuperação. Diante de um enredo tão dramático, o filme passou a ser apenas sobre ele: a vida, a luta e o sucesso de um rapaz criado numa comunidade pobre. O lindo documentário termina como começou, com ele dançando no palco. Chama-se *Favela Rising*, ganhou prêmios no Festival de Tribeca, em Nova York, no Festival Latino-Americano, em Miami, e foi indicado para o Oscar em 2006, na categoria de melhor documentário.

Nunca esquecemos histórias como essa, pois, além de encherem o coração, são didáticas. Devemos investir, ao máximo, nesses pacientes, ainda que as evidências não sejam animadoras. Como já disse, só podemos admitir que a lesão é definitiva após passado o choque medular, o que pode levar meses.

Foi muito curiosa minha participação em *Favela Rising*, meio frustrante até, pois diante de um caso tão grave e sofrido e de um resultado tão bom, a única coisa que a dupla de cineastas me perguntou foi por que eu não havia cobrado do paciente... Fiquei muito desconcertado, como eles souberam? E que importância isso tinha? Depois, me ocorreu que a surpresa dos rapazes vinha da diferença cultural de seu país, onde não existe almoço de graça.

21. As células-tronco: Aposta do futuro

Um amigo muito querido me procurou, pois estava com dificuldade de usar a mão direita. Ao examiná-lo, ficou claro para mim o diagnóstico de esclerose lateral amiotrófica, conhecida como a terrível ELA, doença progressiva e degenerativa que ataca os neurônios motores e que, por enquanto, não tem tratamento eficaz. Pedi uns exames para documentá-la e ganhar tempo, pois não sabia como dizer-lhe a duríssima verdade. Acabei encaminhando-o para um especialista no assunto, que comunicou o diagnóstico.

A partir de então, a cada vez que o encontrava percebia sua piora. A perda de musculatura era progressiva, e agora já alterava o seu andar. À procura de uma luz, ele decidiu ir a um grande centro nos Estados Unidos, e eu o acompanhei. Lá, tudo o que ele perguntou lhe foi respondido, sem cerimônia, e nenhuma esperança lhe foi dada. Ciente da fatalidade, chamou-me para uma conversa e disse-me que, quando sua musculatura estivesse fraca a ponto de ter dificuldades em respirar, gostaria de ser internado e sedado. Assumi o compromisso.

Lúcido, meu amigo continuava trabalhando e tocando sua vida, mesmo com dificuldades crescentes. Quando já não podia mais andar sozinho, adaptou seu escritório e sua casa para sua nova realidade. Após um ano e meio, ele já não conseguia falar, e eram incompreensíveis os sons que emitia. Sua equipe de trabalho importou um equipamento especial, que já descrevi anteriormente, e que ele comandava com os olhos, para se comunicar. Era um computador que apresentava um grande teclado em sua tela, capaz de registrar a posição de suas pupilas. Assim, quando ele fixava o olhar numa letra, ela aparecia em uma linha e ia formando palavras e frases.

Sempre alerta e ciente da evolução de sua doença, meu amigo tomou conhecimento de trabalhos e pesquisas que vinham sendo realizados nos Estados Unidos, ainda sem resultados publicados, que consistiam na injeção de células-tronco diretamente na medula. Abriu-se uma janela de sonhos. O procedimento não era regulamentado no Brasil, por isso havia uma série de entraves burocráticos para sua realização. Por todas as ligações de amizade que tínhamos, nunca quis ser seu médico, mas não pude negar acompanhá-lo e assistir à cirurgia.

Guerreiro, conseguiu uma autorização especial para o procedimento, que foi feito por um respeitado neurocirurgião, em um grande hospital. Não havia nada a perder. Era sua última esperança. O procedimento correu muito bem. Várias pequenas aplicações de células-tronco foram feitas, em diversos níveis da medula cervical, dos dois lados, de acordo com os protocolos experimentais publicados. A recuperação da cirurgia foi boa, mas a melhora não veio. Depois de uns meses restrito a sua casa, e com a doença muito avançada, ele mandou me chamar. Escreveu na tela do computador, com uma coragem única: "Quero me internar". Seu desejo foi atendido.

Contei essa história para exemplificar o drama que vivem pacientes como o meu querido amigo. A grande divulgação do potencial das células-tronco em restaurar funções perdidas trouxe enorme esperança para um sem-fim de portadores de doenças degenerativas, sequelas de AVCs, traumatismos cerebrais e medulares. Entretanto, os entraves para seu estudo eram enormes, e apenas no início do governo de Barack Obama, em 2009, foi revertido o decreto de George W. Bush, de 2001, que proibia uso de dinheiro público pelo Instituto Nacional de Saúde dos Estados Unidos para financiamento de pesquisas com células--tronco embrionárias e sua aplicação em humanos.

A princípio, acreditou-se que apenas as células-tronco embrionárias seriam capazes de regenerar qualquer tecido do organismo, por serem pluripotentes. Essa ideia desencadeou verdadeiro debate ético quanto ao início da vida, já que interromperia a progressão da gestação. Os defensores argumentavam que, se a vida termina com a morte cerebral, ela também deveria começar com a formação do cérebro. Como vimos em outro capítulo, as células-tronco embrionárias aparecem no quinto dia de gestação e, portanto, dez dias antes do início da formação do cérebro. O debate era muito mais ético, filosófico, cultural e religioso do que científico. Para os católicos, por exemplo, a vida começa no momento da fertilização do óvulo, mas para os judeus é quando a criança nasce.

Em meio a controvérsias, a ciência procurava cumprir seu papel de manter seu compromisso estrito com a verdade, não com a ética. A ciência tem que mostrar o que é e o que não é verdadeiro. A ética é que dirá, a seguir, se a descoberta é para o bem ou não.

Esse confronto repete-se sempre que um progresso na ciência ameaça os costumes vigentes. O mesmo ocorreu nos anos 1960, quando foram definidos os critérios de morte cerebral. Naquela época, era necessário o consenso para que se pudesse prosseguir com os transplantes cardíacos. A Igreja católica insistia que a morte se dava quando o coração parava de bater, e resistia, firmemente, a aceitar a morte cerebral, que era uma novidade para todas as civilizações. Quando o cirurgião sul-africano Christian Barnard realizou o primeiro transplante cardíaco, em 1967, foi necessária a retirada do coração do doador e em seguida do receptor para efetivar a troca. Barnard teria matado o doador? E o receptor esteve morto por alguns minutos e depois foi ressuscitado? As dificuldades em aceitar o progresso científico eram religiosas e culturais, e deveriam ser contornadas para que se chegasse a um acordo que satisfizesse a todos, permitindo os benefícios que os transplantes trariam à sociedade.

Apesar da técnica de transplante cardíaco ter sido descrita nos Estados Unidos pelo cirurgião Norman Shumway, da Universidade Stanford, com quem aliás Barnard trabalhou, a primeira cirurgia foi feita na África do Sul, pelo próprio Barnard, já que à época a legislação americana não reconhecia a morte cerebral, já descrita em 1959 na França. Somente no ano seguinte é que Shumway pôde fazer, finalmente, seu primeiro transplante. Quando perguntaram como se sentia, respondeu: "Ninguém se lembra do segundo homem que chegou ao Polo Norte".[1]

O mesmo se deu no Japão, por razões religiosas. Enquanto quase todos os países desenvolvidos já faziam transplantes, ali só era permitida a cirurgia intervivos. Até hoje, em alguns países asiáticos, também por razões religiosas, a violação de cadáver ainda não é aceita, impedindo a retirada de seus órgãos. Sua obtenção ainda é mais difícil quando se trata de crianças, já que órgãos de adultos são incompatíveis pelo tamanho.

Diante desse impasse, o cirurgião brasileiro Silvano Raia, que em 1985 realizou o primeiro transplante de fígado na América Latina, teve a ideia de transplantar um quarto do fígado de uma mãe para o filho necessitado, em 1988. A cirurgia de Raia confirmou o mito de Prometeu de que o fígado tem capacidade de regeneração, e a ideia de que uma fração seria suficiente para salvar a criança, pois, após o procedimento, o novo fígado cresceria o necessário e ocuparia seu espaço. Ainda havia a vantagem da não rejeição, pois a doação era de mãe para filho. Essa técnica ganhou o mundo e é adotada, especialmente, nos países em que a religião é restritiva nesse sentido.

Após tanto debate sobre o momento da morte, as células-tronco trouxeram o questionamento para o outro extremo da existência: o início da vida. Essa questão só foi levantada porque um enorme benefício dependia dela, como a possibilidade de restauração das funções cerebrais e medulares de jovens acidentados que deixaram de falar ou andar. Surgia um novo capítulo na medicina: a medicina restaurativa.

Em meio a tão prolongados debates, cientistas japoneses conseguiram produzir, em laboratório, as desejadas células-tronco pluripotentes, por regressão de células adultas da epiderme, encerrando, assim, a necessidade de células embrionárias e a discussão sobre o início da vida.

Por ser muito atrativo, pelas possibilidades que oferece e pelo mundo que abrange, acenando com a possibilidade de recuperação de sequelas, esse assunto precisa de controle e supervisão rígidos dos órgãos responsáveis, para que não haja exageros e exploração dos incautos. É fácil encontrar na internet inúmeras clínicas mundo afora, completamente desconhecidas, sem vínculo universitário ou de pesquisa, oferecendo tratamentos milagrosos com células-tronco.

Um de meus pacientes, que sofreu lesão medular em acidente de motocicleta, ficou entusiasmado com uma dessas propagandas e acabou sendo sua vítima. Aconselhei-o fortemente que pesquisasse apenas nos sites das grandes universidades. Entretanto, é humano que as pessoas procurem o que desejam ouvir, e a promessa de cura é irresistível. Ele seguiu para os Estados Unidos, internou-se numa clínica privada sem nenhuma expressão e, em tese, fez as aplicações de células-tronco. Não teve melhora alguma e ainda trouxe com ele uma grave infecção nas vértebras.

Apesar de serem apenas promessas, continuo otimista com o futuro das células-tronco e da medicina restaurativa. As pesquisas ainda têm um longo caminho a percorrer até que se possa manipular, regenerar neurônios e dar-lhes as funções que desejamos. Mas só a motivação do domínio e da utilização dessas células de luz já produziu grandes descobertas na biologia molecular, na genética e na imunologia, abrindo um mundo de novos horizontes, que serão muito úteis no tratamento do câncer.

22. Tumores cerebrais malignos: O grande desafio

Fui procurado por um casal de amigos, cuja filha de 27 anos, ao investigar uma dor de cabeça que já durava vinte dias, encontrou um volumoso tumor cerebral na região frontal esquerda, de aspecto maligno. Uma surpresa para todos, inclusive para mim, pois a moça não havia alcançado a idade de risco para esse tipo de doença. A lesão era infiltrante, difusa e estava próxima da área de linguagem, o que já antecipava a impossibilidade de remoção completa da massa tumoral sem expô-la ao risco de afasia. A cirurgia, entretanto, era inevitável e foi rapidamente decidida. Feita a retirada parcial da lesão, evitando as áreas eloquentes do cérebro, ela teve ótima recuperação. As dores desapareceram, e a paciente tornou-se assintomática. Era preciso agora um tratamento suplementar, com rádio e quimioterapia, para retardar a volta da doença, que era inevitável, tratando-se de um glioma de grau III.

Na conversa com os pais, eles pareciam não entender a gravidade da situação, recusando-se a aceitar qualquer coisa que não fosse a esperança de cura da filha única. Essa expectativa foi ainda mais alimentada pelo bom resultado da quimioterapia, que deu a impressão de desaparecimento do tumor. Poupada da grande verdade, a paciente retomou sua rotina, e durante dois anos teve vida normal, viajando, brilhando profissionalmente e acreditando que tudo ia dar certo.

Apesar de estarmos acostumados com casos semelhantes, esse mobilizou toda a equipe médica, incluindo a mim. A moça era jovem, alegre, inteligente. Seus pais usavam todos os subterfúgios psicológicos de negação da gravidade, e ao final de cada conversa, por mais franca que fosse, afirmavam que ela venceria.

Após dois anos de vida normal, a dor de cabeça voltou, e lá estava o tumor, com aspecto ainda mais zangado e agressivo. Eu a reoperei e, mais uma vez, retirei tudo o que a prudência recomendava, seguindo a orientação de Hipócrates de não fazer mal ao paciente. Por outros dois anos, ela retomou suas atividades, desconhecendo o peso da sentença que carregava, mas que certamente consumia seus pais. Já próximo de completar quatro anos do diagnóstico, o tumor recidivou de maneira violenta, mais maligno do que nunca, agora grau IV, e ela não resistiu.

Apesar da gravidade da doença, os pais dessa paciente conseguiram criar uma bolha de proteção para ela que lhe permitiu viver com alegria esses quatro anos que a ciência lhe proporcionou. Na véspera de sua morte, ela disse à mãe, pela primeira vez, que achava que estava muito doente. Viveu acreditando que a vida era bela. Eu os admirei por isso, e muitas vezes posso ter, inconscientemente, alimentado essa esperança, pois, como já disse, devemos estar sempre do lado do doente, e nunca da doença.

Os tumores cerebrais malignos estão entre os cânceres mais agressivos. Desde o final do século XIX, quando foram operados pela primeira vez, pouco mudaram. Em 1928, Walter Dandy, expoente da neurocirurgia norte-americana, publicou casos de pacientes em que retirara, cirurgicamente, todo um hemisfério cerebral na tentativa de cura e em que, após um ano, o tumor retornara, do outro lado. Essa indomável doença chama-se glioblastoma multiforme. Vários outros cirurgiões da época repetiram a experiência e nada conseguiram além de sequelar o doente. É fácil imaginar as consequências da retirada de um hemisfério cerebral. Não estamos falando de remover um rim ou um pulmão. Esses pacientes provavelmente tornaram-se hemiplégicos ou afásicos, para não enumerar as sequelas cognitivas. Ficou claro, desde então, que os glioblastomas jamais seriam vencidos pela cirurgia.

Os glioblastomas multiformes são os mais malignos dos gliomas, tumores que se originam na glia, que são as células que compõem a substância branca do cérebro, dão sustentação aos neurônios, participam de sua nutrição e defesa e contribuem para formar a massa cerebral. Os gliomas são classificados em graus, de I a IV, sendo este último o glioblastoma (GBM).

As lesões cancerosas têm seu ponto de partida em mutações que ocorrem no DNA, durante a divisão das células, podendo resultar na sua multiplicação descontrolada. Essas mutações podem ser devidas a inúmeros fatores externos, como radiações ionizantes, agrotóxicos e fumo, entre outras. Inclusive as ondas de radiofrequência dos celulares já estiveram sob suspeita, não totalmente afastada.

A grande maioria das mutações, entretanto, ocorre ao acaso, por erro na divisão do DNA, sem nenhuma influência do meio ambiente. Quanto mais as células se dividem, maiores os riscos. Essas mutações, portanto, são mais frequentes na infância, durante a fase de crescimento, quando a proliferação celular é mais acelerada, ou no idoso, pelo acúmulo de mutações sofridas pelo DNA ao longo dos anos.

Dispomos em nosso genoma de alguns genes com funções específicas relacionadas ao câncer, e são estes os que represen-

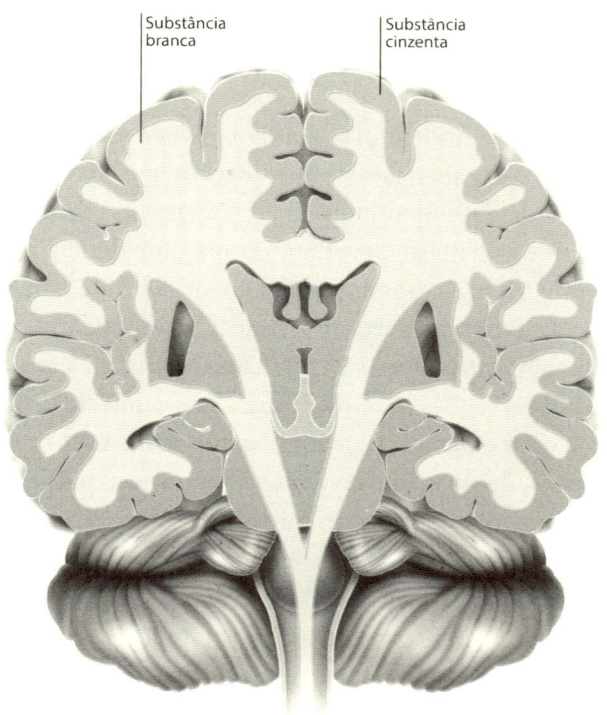

Substância branca

Substância cinzenta

tam maiores riscos. São os chamados oncogenes, que induzem à multiplicação celular, e os genes de supressão tumoral, que reparam as mutações que porventura ocorram no genoma, evitando a transmissão delas. São vários os genes que atuam nos dois sentidos. O mais emblemático é o TP53, conhecido como guardião do genoma, que o restaura quando ocorre uma mutação, corrigindo o erro, e se não for bem-sucedido determina o suicídio da célula, bloqueando seu metabolismo e levando-a à morte. Esse fenômeno, que se chama apoptose, impede a transmissão daquela mutação e a possibilidade de a célula vir a se multiplicar de maneira descontrolada, formando um tumor. Temos apenas um

217

exemplar do TP53 em cada uma de nossas células, e se sofrermos uma mutação nesse gene ele perderá sua função e a célula ficará desguarnecida.

Richard Peto, epidemiologista da Universidade de Oxford, chamou a atenção para o fato de que, se todas as células tivessem o mesmo risco de degenerar num câncer, os grandes animais, como os elefantes e as baleias, deveriam ter uma incidência maior da doença, pois além de possuírem maior número de células têm também vida longa, com maiores chances de acumular mutações. Esses animais, entretanto, são praticamente imunes aos cânceres. Essas observações, que passaram a ser conhecidas no meio científico como o paradoxo de Peto, começaram a ser explicadas por pesquisas de duas universidades americanas, publicadas na revista *Nature*, que mostraram que os elefantes possuem vinte exemplares do gene TP53 em cada uma de suas células, o que justifica, ao menos em parte, o fenômeno.

Mutações genéticas levaram algumas famílias a perder o gene TP53, o que caracteriza a chamada síndrome de Li-Fraumeni, que produz cânceres hereditários, entre eles os gliomas. Essa síndrome rara é transmitida de modo dominante, podendo provocar diferentes tumores em várias partes do corpo em pacientes mais jovens.

Os tumores, portanto, são formados por células anormais, sem função, que vão destruir os órgãos onde se encontram. No cérebro, os gliomas têm a capacidade de migração, infiltrando-se entre as células do tecido normal, o que impede sua identificação, daí a dificuldade da cirurgia. Durante a operação, retiramos a massa tumoral visível, mas não as células que migraram e misturaram--se com as normais e que em pouco tempo formarão um novo tumor. Apesar de todo o progresso da rádio e quimioterapia, essas células migratórias têm se mostrado resistentes a todas as formas de tratamento.

A imunoterapia é uma esperança nessa área. Os tumores cerebrais malignos têm a capacidade de enganar o sistema imunológico, ativando mecanismos próprios que impedem seu reconhecimento, e por isso passam despercebidos. As pesquisas atuais se concentram em conseguir um identificador para essas células cancerosas, o que abriria caminho para desenvolver um anticorpo específico para atacá-las. Ou ainda como uma vacina, injetando-se no paciente proteínas produzidas por células tumorais e que serão identificados como estranhas pelo sistema imunológico. Testes com vacinas em animais mostram que esse procedimento induz a uma forte reação das células-T do sistema imunológico, as quais são conhecidas como células-T matadoras, que passam a atacar essas proteínas onde quer que estejam, inclusive no tumor, terminando por eliminá-lo.

Variações dessa técnica promissora já começaram a ser testadas em humanos com grande esperança. Concretizada essa conquista, ao cirurgião competiria o papel de reduzir a massa tumoral, para melhorar os sintomas do paciente, e colher material para identificar os alvos e fazer a vacina, já que ela é individual, para cada tipo de tumor.

Atualmente, o estudo genético dos tumores em cada paciente é indispensável para o diagnóstico, o prognóstico e o planejamento do seu tratamento. Quando o diagnóstico era feito apenas pelo aspecto das células ao microscópio, era comum que dois tumores com o mesmo nome tivessem comportamentos biológicos e agressividades diferentes, e isso se devia à genética de cada um. Assim, um paciente com GBM poderia ter uma sobrevida de seis meses, e outro, de quatro anos. Agora sabemos que essa diferença genética confere aos mais agressivos um mecanismo que lhes permite restaurar os danos sofridos pela rádio e quimioterapia, diminuindo os efeitos do tratamento. Os que não dispõem desse mecanismo respondem melhor e têm sobrevida maior.

Uma vez surgido o tumor, as mutações não param de acontecer, de maneira acelerada e descontrolada, fazendo com que a genética seja desigual em diferentes pontos da doença. As células mais resistentes sobreviverão à rádio e quimioterapia, resultando numa seleção de células mais agressivas que continuarão a multiplicar-se e a sofrer novas mutações. As mais resistentes, em geral, são as chamadas células-tronco tumorais, que se acredita atualmente sejam a origem desses tumores. Elas são originárias de degenerações de células-tronco cerebrais, com capacidade de replicação indefinida, e responsáveis pelo retorno dos tumores.

Apesar de não curar, a cirurgia ainda é o tratamento de maior impacto na qualidade e no tempo de sobrevida desses pacientes. Quando a massa tumoral é toda ou quase toda removida, segue-se uma evidente melhora dos sintomas e das queixas do doente.

Lembro-me do maître do restaurante de uma grande empresa carioca frequentado por amigos meus. Homem de 55 anos em plena atividade, por quinze dias acordou com dor de cabeça e certa lentidão de raciocínio. Essa história se repete em pessoas com doenças iguais à doença dele: dor de cabeça matinal, resultado do aumento da pressão dentro do crânio, provocada por provável tumor de crescimento rápido. Para tristeza dos amigos, a ressonância confirmou a suspeita de um grande tumor cerebral frontal direito, com edema e efeito de massa, e aspecto característico de glioblastoma multiforme. Nesses casos, não há opção de tratamento, a cirurgia deve ser imediata.

Assim foi feito: a massa foi "totalmente" removida, as dores de cabeça desapareceram e o raciocínio normalizou. Expliquei a necessidade de complementação com rádio e quimioterapia devido ao risco da recidiva. Falo em risco para não tirar a esperança no tratamento, mas a volta é certa. Ele viveu mais dois anos comandando o restaurante onde trabalhava, sentindo-se muito bem, esperançoso da cura.

Alguns fatores reduzem o risco de tumores cerebrais, tais como doenças atópicas ou alérgicas. Vários trabalhos epidemiológicos indicaram que há uma redução de até 40% no risco desses tumores em pacientes com asma, febre do feno, eczemas e alergias alimentares. E, quanto mais tipos de alergia a pessoa tiver, menor o risco de desenvolver o tumor. No entanto, se o paciente fizer uso regular de anti-histamínicos, volta a ter os mesmos riscos da população geral. Essas observações são embasadas por alterações genéticas que explicam a relação inversa entre alergias e gliomas cerebrais, e ressaltam a importância do sistema imunológico nesse processo, por ser mais ativo nessas doenças alérgicas.

Também são protegidos aqueles com síndrome de Down, causada pela trissomia do cromossomo 21. Há alguns anos, tive o privilégio de assistir a uma conferência do professor Juda Folkman, hematologista pediátrico, no congresso americano de neurocirurgia em Boston. A princípio, não me parecia haver nítida relação entre as duas especialidades, hematologia e neurocirurgia. O anfiteatro estava lotado por mais de mil neurocirurgiões vindos do mundo inteiro quando dr. Folkman começou a falar. Em certo momento, ele perguntou à plateia: "Qual de vocês já operou um tumor cerebral num paciente com síndrome de Down?". Foi um silêncio absoluto, ninguém respondeu.

Juda Folkman observara que as crianças com síndrome de Down não desenvolviam tumores sólidos, ou seja, eram protegidas de tumores que formassem massas, como os cerebrais ou pulmonares, por exemplo, ainda que tivessem leucemia acima da média. Estudando o fato, Folkman identificou uma proteína produzida em excesso pela trissomia do cromossomo 21, chamada de Antifator de Crescimento Endotelial Vascular (VEGFA, na sigla em inglês), que impedia o desenvolvimento de novos vasos sanguíneos, necessários para o crescimento tumoral. Essa observação clínica, que deu origem à pesquisa, já havia sido publicada na prestigiosa revista *New England Journal of Medicine*. A observação, que foi pouco valorizada inicialmente, terminou por levar ao desenvolvimento de uma droga que produzia o mesmo efeito do anti-VEGFA. Trata-se do Bevacizumab, anticorpo monoclonal, primeiro inibidor da angiogênese, ou seja, que tem capacidade de inibir a formação de novos vasos, artérias e veias, aprovado pelo FDA, em 2004. O Bevacizumab é bastante utilizado atualmente em diferentes tipos de cânceres.

São inúmeros os fatores externos que podem desencadear cânceres, mas alguns são bem reconhecidos, em especial as radiações ionizantes, o fumo, o vírus HPV e o da hepatite C. Essas radiações são utilizadas nas radioterapias, nos exames de raios X e liberadas nos acidentes atômicos. O processo ionizante é causado por ondas eletromagnéticas, que contêm energia suficiente para alterar a estrutura de um átomo, mudando sua carga elétrica pela perda de um elétron. Trata-se de uma radiação perigosa porque lesa o DNA das células, que num primeiro momento morrem ou deixam de se dividir. Esse efeito, como veremos, tornou-se a base da radioterapia para os tumores malignos. A lesão do DNA também pode ocorrer em pessoas que recebem pequenas mas repetidas doses de radiação para exames médicos, ou profissionais que trabalham com material radioativo, sem proteção adequada, tornando-se sujeitos a desenvolverem tumores futuramente.

Já as radiações não ionizantes são as ondas eletromagnéticas de baixa energia, aparentemente inofensivas, com as quais convivemos diariamente, como luz, calor, ondas de rádio, micro-ondas e televisão. Apesar de estarem no grupo das radiações não ionizantes, os telefones celulares permanecem sob suspeita.

No início do século XX, o casal Marie e Pierre Curie, pioneiros no desenvolvimento dos raios X, sofreram inúmeras lesões de pele pela manipulação de fontes de radiação, e Marie veio a falecer de leucemia em julho de 1934. Não se conheciam, até então, os efeitos deletérios, invisíveis e tardios das radiações, mas progressivamente ficou evidente a associação entre doses elevadas de radiação ionizante e o surgimento de todos os tipos de tumores cerebrais. Como o efeito dessas radiações é cumulativo, a repetição de doses baixas desses raios, como em exames de tomografias computadorizadas, acaba elevando o risco de desenvolver uma lesão maligna no longo prazo.

Dois trabalhos recentes, realizados na Inglaterra e na Austrália, sugeriram aumento dos casos de cânceres em adultos jovens submetidos a tomografias computadorizadas na infância e que foram acompanhados por vinte anos. Ainda que não confirmada, a suspeita é suficiente para maiores cuidados, devendo-se, portanto, evitar exames desnecessários.

O uso de radiação no tratamento dos tumores malignos veio da observação de que os raios agem preferencialmente nas células que estão se dividindo, impedindo essa divisão ou matando-as ao lesar seu DNA. Foi um grande progresso no tratamento do câncer.

Como já assinalamos, porém, os efeitos das radiações são prolongados, o que traz maior risco de complicações para os que têm vida longa ou que foram irradiados ainda muito jovens.

Lembro-me de um paciente que tinha um pequeno tumor benigno, chamado de neurinoma do acústico, que levava à perda progressiva de sua audição, do lado do tumor. Essas lesões, quando removidas cirurgicamente, são curadas, com baixo risco de vida ou sequelas. Nosso paciente, por ser um homem do mundo, com grandes possibilidades financeiras e com receio da cirurgia, optou por se tratar no exterior, à procura de novos tratamentos não invasivos. Foi submetido, então, a uma radiocirurgia em Nova York. A técnica é excelente e consiste em dose única de radiação, focada na lesão. Entretanto, deve ser utilizada para casos específicos, como pequenos tumores cerebrais profundos, de grande risco cirúrgico, de preferência malignos, ou em pacientes idosos, sem perspectiva de vida longa.

O resultado foi que seu tumor benigno realmente deixou de crescer, mas após oito anos ele desenvolveu um glioblastoma multiforme, justamente na região temporal que havia sido atravessada pela radiação. Dessa vez, foi operado por mim e com bom resultado inicial, mas teve sua vida limitada pela gravidade da doença. Nem sempre o que parece mais simples é o mais seguro.

Assim como ocorreu com a radiação, demorou-se também a reconhecer a relação do fumo com o câncer. Na década de 1950, aproximadamente 45% da população adulta americana era fumante e o número era maior ainda na Inglaterra. Desconhecia-se que o cigarro predispunha ao câncer de pulmão, e mesmo quando isso foi anunciado houve grande resistência. Em *The Crown*, seriado de televisão de enorme sucesso sobre o reinado da rainha Elizabeth II, vemos seu pai, o rei Jorge VI, grande fumante, sendo operado de tumor do pulmão em pleno Palácio de Buckingham. Ao se recuperar, com a permissão dos médicos, a primeira coisa que o rei faz é acender um cigarro, que com o tempo acabou por matá-lo.

Atualmente, vivemos a dúvida se as radiações não ionizantes de radiofrequência emitidas pelos celulares são ou não cancerígenas. Estaremos passando pelo mesmo período de negação, como ocorreu com o fumo? Várias pesquisas têm sido feitas na busca de uma conclusão. Dois trabalhos dinamarqueses mostraram não haver relação. Um deles, publicado no *Journal of the National Cancer Institute*, avaliou se um grupo de 500 mil usuários de celular tinham incidência maior de câncer. A resposta foi negativa. Outro trabalho americano realizado pela American Health Foundation, publicado no *Journal of the American Medical Association*, tampouco mostrou maior risco com uso de celulares.

Em contrapartida, operei um engenheiro eletrônico com um tumor do acústico, que se origina no ouvido, e que depois da cirurgia nunca mais usou celular, pois, sendo especialista no assunto, ficou convencido da relação entre a doença e o telefone. O tempo dirá.

23. Alzheimer e as demências

Numa manhã de março, um casal é atendido no ambulatório do hospital local. O marido, muito preocupado, relata que sua mulher, de 51 anos, vinha apresentando nos últimos meses algumas alterações de comportamento, com a ideia fixa de ciúmes e perda acentuada da memória. De um dia para o outro, sem razão aparente, cismou que ele tinha um caso com a vizinha, e a partir daí passou a tratar ambos friamente. Após dois meses, apresentou dificuldade com as tarefas do dia a dia, errando na cozinha e descuidando-se da economia doméstica. Andava a esmo dentro de casa, carregando objetos de um lado para outro, e por vezes os escondendo. Com a piora, sentia-se perseguida, com medo da morte, achando que todos à sua volta falavam mal dela.

Ao ser examinada, nomeou corretamente objetos como chave, charuto, bolsa e uma agenda. Pouco depois, não conseguia lembrar o nome dos itens que acabara de nominar. Tinha dificuldade para ler, omitindo palavras, e ao escrever não conseguia completar frases, repetindo sempre: "Eu me perdi, eu me perdi". Durante a conversa, sua linguagem era cheia de parafasias, isto é, ela trocava palavras que gostaria de dizer por outras relacionadas. Por exemplo, em vez de dizer "mesa", dizia "cadeira". Sua linguagem também era cheia de perseverações, que são ideias fixas, repetidas com frequência, mesmo que sem relação com as perguntas.

Essa paciente, de nome Auguste D., foi internada em 25 de novembro de 1901 no Asilo Municipal para Lunáticos e Epilépticos, em Frankfurt, Alemanha, sob os cuidados do dr. Alois Alzheimer, o médico que a atendeu. Esse hospital recebia grande número de pacientes dementes, a maioria com paralisia geral progressiva, que não se sabia à época que era causada pela sífilis em sua fase mais avançada. Os demais casos eram considerados demências senis, decorrentes do envelhecimento natural.

No entanto, na visão de Alzheimer, Auguste era diferente de todo esse universo, pois seus sintomas não se aplicavam às doenças conhecidas: ela era muito jovem para uma demência senil, pois tinha apenas 51 anos; além disso, a doença evoluía muito rapidamente. Todo esse quadro chamou a atenção de Alzheimer, que anotou, do próprio punho, em latim, com cópia em alemão, cada detalhe e aspecto de seus sintomas. Em suas anotações de 26 de novembro de 1901, dia seguinte ao da internação, ele transcreveu o seguinte diálogo:

"Qual é o seu nome?"

"Auguste."

"Último nome?"

"Auguste."

"E o nome do seu marido?"

"Auguste, eu acho."

"Seu marido?"

"Ah, meu marido."

"A senhora é casada?"

"Com Auguste."

"Há quanto tempo a senhora está aqui?"

"Três semanas."[1]

Auguste piorava a cada dia, e nunca mais voltaria para casa. Arrancava os lençóis da cama, passava noites aos gritos, comia com dificuldade e permaneceu internada até sua morte, cinco anos após ter chegado ao hospital.

Alois Alzheimer era psiquiatra, nascido em 1864, em Marktbeit, pequena cidade no sul da Alemanha. Era o filho mais velho de uma família católica e ficara viúvo precocemente, quando sua mulher morrera aos 41 anos, deixando-o com três filhos pequenos. Com isso, Alzheimer herdou grande fortuna, o que lhe permitiu dedicar-se às pesquisas sem procupações e contratar uma das suas irmãs solteiras para administrar a casa e cuidar das crianças.

Talentoso e bem preparado, ascendeu na carreira universitária rapidamente, conquistando postos em diferentes universidades. Quando Auguste faleceu, em abril de 1906, Alzheimer encontrava-se em Munique, na Clínica Psiquiátrica Real, cujo laboratório de neuroanatomia dirigia, e onde fazia suas pesquisas em cérebros de pacientes com doenças mentais.

Nesse período, havia duas correntes de pensamento na psiquiatria: a dos que eram devotos da psicanálise, que florescia, e a daqueles que acreditavam que as doenças psiquiátricas tinham uma base anatômica, isto é, uma alteração cerebral identificável. Alzheimer pertencia a esta última corrente, juntamente com seu chefe, o dr. Emil Kraepelin, o mais famoso psiquiatra alemão da época.

Mesmo distante, Alzheimer sempre manteve interesse na evolução da doença de Auguste, que se encontrava internada em Frankfurt e que faleceu de pneumonia seguida de septicemia, numa fase avançada da doença em que não saía mais da cama. Informado de sua morte pelo diretor do hospital, Alzheimer solicitou que fosse feita a necrópsia e enviado o cérebro para seu laboratório, em Munique.

Dispondo da tecnologia mais moderna da época, Alzheimer observou que o cérebro de Auguste apresentava áreas de atrofia, e ao exame microscópico lhe chamaram a atenção as alterações que descreveu como: "No interior das células, que aparenta ser normal, uma ou várias fibrilas podem ser distinguidas [...]. Distribuídas no córtex inteiro, mas especialmente numerosos nas camadas superficiais do córtex, há focos minúsculos que são causados pelo depósito de uma substância especial no córtex".[2] Hoje sabemos que essas alterações fibrilares se devem à inclusão de uma forma anormal da proteína TAU nos neurônios, formando os enovelados descritos por Alzheimer, e que os depósitos referidos por ele são de proteína beta-amiloide, formadora de placas espalhadas pelo córtex. Essas inclusões levam os neurônios à morte, por interferirem em seu metabolismo e sua alimentação. Já as placas interferem em transmissões nas sinapses, impedindo a comunicação entre os neurônios e contribuindo para sua morte. É o início do quadro demencial. À medida que essas alterações se multiplicam, os neurônios vão morrendo, o cérebro vai atrofiando e a demência, progredindo.

Alzheimer, certo de estar diante de uma nova entidade clínica, apressou-se em apresentar o caso de Auguste no congresso alemão de psiquiatria, que aconteceria em Tübingen, ainda naquele ano. Foi um fracasso: ninguém lhe deu atenção, pois a psicanálise dominava o interesse de todos. Ao final da apresentação, diante de uma plateia de renomados médicos e cientistas, entre eles Carl Gustav Jung, parceiro de Freud que criou mais tarde a psicologia analítica e o conceito de inconsciente coletivo, o presidente da sessão declarou que não havia necessidade de discussão, como é de praxe, e deu a palavra ao próximo palestrante. Decepcionado, no ano seguinte, Alzheimer publicou o caso em uma revista médica, com o título "Uma doença característica grave do córtex cerebral". Novos casos foram publicados, a seguir, por outros pesquisadores, e a condição passou a ser conhecida no meio científico como doença de Alzheimer. Na época, foi considerada uma patologia grave, porém rara, restrita aos pacientes jovens, uma forma de demência pré-senil. Ao longo dos anos, deixou de ser considerada rara, pois passou a ser identificada também em idosos, como demonstrou um estudo epidemiológico realizado na Inglaterra pelo psiquiatra britânico Martin Roth, publicado em 1964. Essas observações mudaram os conceitos e, doravante, demência senil e doença de Alzheimer passaram a ser uma coisa só, acabando assim com a premissa de que a demência seria uma consequência inevitável do envelhecimento, da senescência. A doença de Alzheimer não é parte integrante do envelhecimento, nem o envelhecimento sozinho é suficiente para desencadear Alzheimer. Ainda que a incidência da doença aumente com a idade, já se pode envelhecer em paz, sem achar que o futuro trará, inexoravelmente, uma perda cognitiva grave.

Desde então, a doença de Alzheimer passou a ser reconhecida como a forma mais comum de demência, e um problema de saúde pública em todos os países. Pesquisas realizadas nos Estados Unidos estimam que aproximadamente 6 milhões de americanos vivam com Alzheimer e que, em meados do nosso século XXI, esse número deverá atingir 14 milhões. Em 2015, Alzheimer foi a sexta causa de morte nos Estados Unidos, e a quinta em indivíduos acima dos 65 anos. O nome tornou-se sinônimo de demência, e um fantasma na vida de todos. Uma pesquisa realizada no Reino Unido em 2015 identificou a doença de Alzheimer como o maior receio dos britânicos acima dos sessenta anos, mais do que o câncer ou a perda de parentes e amigos.

A palavra "demência" vem do latim, "de" + "mens", "mentis", e significa "sem mente". Não é uma doença, e sim uma síndrome, um conjunto de sinais e sintomas que pode variar dependendo da causa, sendo a mais comum a do tipo Alzheimer. Ela é o resultado de uma doença degenerativa progressiva, que se manifesta por comprometimento acentuado da memória recente, da linguagem, do pensamento, do comportamento, da capacidade de executar tarefas diárias e que, em fase avançada, limitará também os movimentos, levando à morte, geralmente, por complicações infecciosas, iguais às de um paciente acamado.

Apesar da gravidade de tudo o que foi dito, muitos casos parecem ter uma evolução lenta, podendo levar de vinte a trinta anos para que os sintomas se manifestem. Acredita-se que, na fase inicial, haja uma compensação do cérebro, mas a partir de certo nível de perda neuronal as manifestações da doença começam a surgir.

Os exames mais modernos de ressonância, PET, dosagem de proteínas no líquido cefalorraquídeo e outros permitiram identificar pacientes assintomáticos pela elevação dos níveis das proteínas TAU e beta-amiloide no cérebro, características da doença de Alzheimer. Porém, a simples presença dessas alterações não é suficiente para afirmar o diagnóstico, pois elas podem ser encontradas também em indivíduos idosos saudáveis. Mas, se o paciente já apresentar déficits cognitivos leves, o diagnóstico é altamente provável. Aqueles que são assintomáticos formam um grupo de risco porque, se houver acúmulo progressivo dessas proteínas, acabarão por desenvolver o quadro demencial.

O debate sobre quando se inicia a doença levantou a suspeita de que o presidente americano, Ronald Reagan, que faleceu de Alzheimer, já pudesse estar doente ainda quando ocupava a Casa Branca. Reagan governou os Estados Unidos de 1981 a 1989, mas só em 1994, cinco anos após sair do governo, foi diagnosticado com a doença de Alzheimer, aos 83 anos. Muitos debates e especulações ocuparam a grande mídia americana na época, seus discursos e atitudes foram analisados retroativamente à procura de indícios da demência, que nunca foram encontrados. Com muita elegância, ele emitiu uma carta aos americanos em que comunicava seu diagnóstico e dizia pretender viver os próximos anos que Deus lhe desse fazendo o que sempre fizera. E lamentava o peso e o transtorno que a progressão da doença traria a sua família. Terminou dizendo: "Começo, agora, uma jornada que me levará ao ocaso de minha vida. Sei que, para a América, haverá sempre um brilhante alvorecer pela frente".[3]

A dúvida sobre quando começa o declínio cognitivo também traz problemas de ordem jurídica. Com muita frequência, sou procurado por pacientes que solicitam atestados de lucidez para fins testamentários ou disputas judiciais. A menos que seja alguém que eu conheça bem e saiba do seu dia a dia, costumo recomendar uma avaliação neuropsicológica, em que são realizados testes cognitivos cujos resultados são comparados com a performance de um grupo-controle da mesma faixa etária e do mesmo nível de escolaridade. Esses testes não são perfeitos, mas ajudam a desvendar pequenas dificuldades cognitivas que passam despercebidas em conversas de consultório.

Conheci um médico muito respeitado e competente em sua especialidade que, no auge de sua carreira, começou a se perder dentro do hospital. Logo, todos perceberam que algo se passava, e ele foi afastado da chefia que exercia. Deixou de operar, mas continuava assistindo a congressos e participando das atividades acadêmicas. Quando perguntado sobre seu afastamento, não hesitava em dizer, corajosamente, que estava com Alzheimer, o que deixava todos desconcertados.

A doença de Alzheimer tem três fases. A primeira é a pré-clínica, quando não há sintomas, apenas as alterações químicas e anatômicas, observadas no PET e no líquido cefalorraquídeo. A segunda fase se configura quando, além das alterações dos exames, há também pequeno déficit cognitivo, com dificuldade de aprendizado, articulação do pensamento e da memória, mas não a ponto de impedir as atividades diárias. Esta era a fase em que o presidente Reagan e o médico que citei estavam quando foram diagnosticados. A terceira e última fase se dá quando a perda cognitiva já está avançada e o paciente encontra-se incapacitado para suas atividades diárias e dependente de ajuda.

A divulgação de doenças raras pela mídia faz com que elas despertem interesse e se tornem familiares. Até os anos 1980, a doença de Alzheimer era inteiramente desconhecida por todos, mesmo pelos mais informados. Quando a famosa atriz americana Rita Hayworth faleceu em decorrência do mal de Alzheimer, em 1987, a grande mídia mundial entupiu o noticiário impresso e televisivo com a doença, de que ninguém jamais ouvira falar. Todos me perguntavam, à época, o que era, pois mesmo para os médicos não especialistas era uma novidade. Consta que a sra. Hayworth apresentava os sintomas de Alzheimer desde os anos 1960, mas só foi diagnosticada vinte anos após, falecendo aos 68 anos, completamente demente.

Hoje, qualquer lapso de memória sem importância é hipervalorizado, e todos querem saber se têm risco de serem atingidos pela enfermidade, ainda que não haja tratamento. É um verdadeiro fantasma. Muitas pessoas têm sintomas parecidos com a doença de Alzheimer, mas que se devem a depressão, efeitos colaterais de medicações, distúrbios tireoidianos, deficiências vitamínicas, ingestão excessiva de álcool, hidrocefalia ou tumores cerebrais, causas que devem ser investigadas, pois são reversíveis, se tratadas.

Os estudos sobre a doença de Alzheimer passaram a tomar corpo nas últimas décadas, quando ficou evidente a elevada prevalência e a gravidade da doença. Como reflexo do volume de pesquisas e da importância do assunto, foram criadas revistas médicas especializadas e vários filmes inspiraram-se no tema. Foi lançado nos Estados Unidos, em 2008, um selo em homenagem a Alzheimer, cuja imagem era a casa onde ele nasceu, que virou museu e centro de estudos.

As pesquisas para a sua cura, entretanto, foram muito prejudicadas pela impossibilidade de reprodução de um modelo em animais, e também pelo fato de os diagnósticos serem feitos, com frequência, em fase avançada, o que limita os testes com novas drogas, pois não há como recuperar os neurônios que morreram. Além disso, a evolução crônica da doença requer um longo período de acompanhamento desses pacientes, para que se possa avaliar a eficácia das novas medicações.

Até o momento, nenhum tratamento é capaz de prevenir ou interromper a progressão da doença. As medicações disponíveis visam apenas melhorar a performance cognitiva, elevando os níveis de acetilcolina, um neurotransmissor que participa dos circuitos de memória, que se encontram reduzidos. Assim, muitos voltam a conversar melhor, ficam mais orientados e com a memória mais eficiente.

Os grandes centros acadêmicos recomendam um esforço para o diagnóstico precoce, antes dos sintomas, que permita avaliar a eficácia das drogas na evolução da doença. Para tanto, tentam arregimentar voluntários diagnosticados na primeira fase que estejam dispostos a colaborar.

Na área da genética, os estudos estão avançando, e alguns grupos de risco já foram identificados. Pacientes com cópia extra do cromossomo 21, que caracteriza a síndrome de Down, têm maior incidência da doença, e 50% desses indivíduos vão apresentar a demência no decorrer de sua vida. Isso porque nessa cópia extra encontra-se o gene que aumenta o número de fragmentos da proteína beta-amiloide, responsável, como vimos, pelos depósitos no córtex cerebral.

Os casos de Alzheimer que resultam de mutações genéticas herdadas representam menos de 1%. Costumam se manifestar precocemente, antes dos sessenta anos, e devem-se em geral às mutações na proteína precursora amiloide (PPA) ou no gene PSEN1.

O histórico familiar é um fator de risco, seja pela genética seja por outras características familiares, como a longevidade. O envelhecimento predispõe a uma falência no mecanismo de lavagem dos detritos do metabolismo cerebral, facilitando o acúmulo das proteínas beta-amiloides no córtex. Estatísticas mostram que, nos Estados Unidos, um em cada dez indivíduos acima dos 65 anos têm o mal de Alzheimer, e que 81% dessas pessoas estão acima dos 75 anos.

Outras pesquisas sugerem que uma vida com dieta saudável pode reduzir os riscos de declínio cognitivo se acompanhada de atividade física regular, controle de diabetes, obesidade e hipertensão arterial. É recomendável, também, manter atividade intelectual como leitura, aprendizado constante e vida social ativa.

Como se vê, é um perigo estar vivo, e envelhecer, mais ainda.

24. O futuro

O inglês Victor Horsley foi o primeiro médico a ocupar um cargo de neurocirurgião, quando foi nomeado para o Hospital Nacional para os Paralisados e Epilépticos, em Londres, em 1886. Nessa época, alguns poucos cirurgiões no mundo operavam o cérebro, sem que a cirurgia neurológica constituísse ainda uma especialidade definida, tendo permanecido assim até a Primeira Guerra Mundial, quando não havia quem tratasse dos inúmeros feridos com lesões cerebrais e medulares.

No início de sua carreira como neurocirurgião em Boston, Harvey Cushing serviu ao Exército americano durante a guerra e pôde testemunhar a necessidade premente do desenvolvimento da neurocirurgia. Ao retornar aos Estados Unidos, em 1920, criou a primeira Associação de Cirurgiões Neurológicos, que reuniu os poucos especialistas que havia no mundo, passando a organizar congressos e a divulgar a especialidade em revistas médicas. Cushing impulsionou a neurocirurgia, desenvolvendo técnicas, treinando assistentes e descrevendo doenças.

No Brasil, a neurocirurgia começou com o professor Eliseu Paglioli, no Rio Grande do Sul, por volta de 1930. Retornando de Paris, onde estagiara a serviço do professor Thierry de Martel, pioneiro da neurocirurgia francesa, Paglioli criou o primeiro grupo da especialidade no país. Ele adquiriu grande prestígio e terminou sua carreira como homem público, tendo sido prefeito de Porto Alegre, ministro da Saúde e reitor da Universidade Federal do Rio Grande do Sul.

Nas décadas seguintes, a neurocirurgia se expandiu graças à iniciativa desbravadora de alguns poucos cirurgiões que atuaram, isoladamente, nos principais estados brasileiros. Os diagnósticos eram difíceis, as comunicações eram precárias, não existiam os modernos exames de imagens, como de tomografia ou ressonância magnética, as operações eram feitas a olho nu, sem microscópio, as drogas anestésicas não eram adequadas e o pós-operatório era feito no quarto do paciente, pois não existiam as UTIs.

A medicina começou a mudar quando o mundo mudou. O grande desenvolvimento da indústria após a Segunda Guerra Mundial rompeu barreiras e transformou a moda, os costumes e a sociedade como um todo. Os valores mais tradicionais não resistiram à chegada do homem à Lua, à pílula anticoncepcional, à minissaia, à música eletrônica e ao progresso nas comunicações. Nessa esteira de mudanças, a medicina deu seu grande salto de modernidade quando, no auge do sucesso dos Beatles, a gravadora EMI investiu seus lucros na área médica e inventou a tomografia computadorizada. O físico inglês Godfrey Hounsfield, à frente do projeto, foi agraciado com o prêmio Nobel em 1979.

A tomografia revolucionou a medicina, em especial a neurocirurgia, já que foi o primeiro exame a mostrar o cérebro. Quando cheguei, recém-formado, para fazer minha pós-graduação na Universidade de Londres, fiquei estupefato com as imagens que vi. Era possível saber o que se passava dentro da caixa craniana, ver os tumores cerebrais, as hemorragias e tudo o mais. Terminava ali a era dos grandes diagnósticos incontestáveis, baseados na experiência pessoal e na palavra dos eminentes mestres da neurologia. Agora, a tomografia passava a limpo todas as hipóteses, simplificando os diagnósticos e permitindo ao médico uma decisão segura.

Escrevi para meu pai contando as maravilhas, e logo ele conseguiu a doação de um aparelho para a Santa Casa da Misericórdia do Rio de Janeiro, por intermédio do presidente Geisel. Nessa mesma década surgiram também o microscópio cirúrgico, novos testes de laboratório que permitiam dosar os hormônios e, finalmente, as UTIs. A medicina mudava de patamar.

Na época, o Brasil era muito fechado e eram difíceis as importações. Os cirurgiões do mundo já operavam com microscópio, mas os brasileiros mantinham a velha e tradicional neurocirurgia, com grandes aberturas do crânio e índices elevados de complicações cirúrgicas.

Meu pai, sempre muito inquieto e criativo, procurou a empresa D. F. Vasconcellos, que fazia instrumentos ópticos para a Marinha, e em parceria eles desenvolveram o primeiro microscópio brasileiro, simples, mas eficiente. Ele, que fora um autodidata no início de sua carreira, aprendendo neurocirurgia sem ter um mestre, rapidamente adquiriu a expertise da técnica microcirúrgica e introduziu no país os mais modernos procedimentos, como a cirurgia da hipófise pelo nariz, a cirurgia da epilepsia, a revascularização cerebral e muitos mais. Começava aí a moderna neurocirurgia brasileira.

O microscópio nacional foi um sucesso comercial, já que era acessível também aos outros latino-americanos. Por causa disso, a pedido de meu pai, a empresa D. F. Vasconcellos instalou, em 1977, o primeiro laboratório de treinamento microcirúrgico do país, no hospital da Santa Casa da Misericórdia do Rio de Janeiro. Ali, foram realizados inúmeros cursos e treinados muitos jovens.

A medicina mundial também se transformava, os congressos eram repletos de grandes nomes, sempre com muitas novidades e debates acalorados diante de novos conceitos e tratamentos. Em pouco tempo, os livros médicos tradicionais tornaram-se obsoletos.

Nas décadas seguintes, outras tecnologias foram incorporadas, mas não houve nenhuma que fosse revolucionária, seguindo-se um período de aperfeiçoamento das conquistas alcançadas. A tomografia deu origem à ressonância magnética, os microscópios mais simples foram substituídos por modelos potentes e sofisticados, as UTIs, que eram precárias e limitadas a meia dúzia de leitos, passaram a ocupar áreas extensas e a concentrar inúmeros monitores e recursos que prolongavam significativamente a vida. As cirurgias, por sua vez, tornaram-se menos invasivas, com melhores resultados e internações mais curtas. Todo esse aperfeiçoamento foi importante, mas não teve o impacto da primeira tomografia. Seria como comparar a surpresa e as transformações causadas pela chegada da televisão com a sua posterior capacidade de transmissão em cores.

A enorme quantidade de equipamentos a que nos acostumamos e dos quais não podemos abrir mão encareceu brutalmente a medicina, e levou à necessidade de racionalização de gastos, com a criação de centros especializados que concentrem toda a tecnologia. Dentro dessa linha, foi criado o Instituto Estadual do Cérebro Paulo Niemeyer, no Rio de Janeiro, a primeira instituição do país dedicada, exclusivamente, ao tratamento cirúrgico de doenças neurológicas complexas. Uma iniciativa brilhante do governo do Rio, que o batizou com o nome de meu pai, em merecida homenagem. Lá, dispomos do que há de mais moderno e necessário para o diagnóstico e a realização de cirurgias cerebrais, que passam de mil por ano, voltadas aos pacientes do SUS.

Não seria economicamente viável esse acúmulo de tecnologia em todos os hospitais, sendo racional sua concentração em institutos especializados de referência que ofereçam, além de assistência médica, ensino e pesquisa. O Instituto do Cérebro é reconhecido e credenciado pela World Federation of Neurosurgical Societies como centro internacional de treinamento neurocirúrgico, e todos os anos são selecionados jovens, entre dezenas de candidatos do Brasil e do exterior, para fazerem lá seu treinamento em neurocirurgia.

O boom tecnológico que revolucionou a medicina nas décadas de 1960 e 1970, e que vem evoluindo desde então, começa a tomar novos caminhos. Os cirurgiões parecem ter chegado ao limite do que é possível, com uma técnica baseada no conhecimento anatômico e na habilidade manual. Hoje, já não existem áreas do cérebro que sejam inalcançáveis. Podemos atingir qualquer ponto, o que não significa que possamos remover ou corrigir todas as lesões. Os limites agora são as características biológicas das doenças. Como curar um tumor maligno que infiltra o cérebro? Certamente, não será pela cirurgia.

Estamos iniciando uma nova era, inesgotável, baseada na biologia molecular, e um novo mundo vem se abrindo com as técnicas de engenharia genética e manipulação imunológica. Como há quinhentos anos, quando o homem não sabia para que servia o fígado e que nome lhe dar, hoje ainda não sabemos com certeza as funções e interações dos inúmeros genes que estão catalogados. Em um futuro próximo, as alterações genéticas que predisponham ao câncer ou a doenças neurodegenerativas, por exemplo, serão corrigidas antes do nascimento, e as mutações que venham a ocorrer durante a vida serão identificadas em exames de rotina e tratadas. Muitas doenças, entretanto, também serão criadas pelo homem, como resultado dessas manipulações genéticas que ainda não temos como prever, nem as suas consequências. A neurocirurgia não será mais a mesma.

Doenças vasculares cerebrais, tais como aneurismas, malformações e AVCs, já são tratadas, em grande parte, por cateteres que são introduzidos em artérias do braço ou da perna, e conduzidos até as artérias do cérebro, onde liberam micromolas de platina dentro dos aneurismas ou instalam stents para direcionar o fluxo sanguíneo. Isso, que já representa um grande avanço, ainda envolve riscos e limitações, e provavelmente deverá ser substituído, no futuro, por microcápsulas filmadoras, como microsubmarinos, que navegarão pela corrente sanguínea fazendo a inspeção e correção das alterações que encontrarem pelo caminho.

Os tumores, que representam grande parte das doenças cerebrais, em pouco tempo serão diagnosticados por exames de sangue, em checkups de rotina, quando serão feitas as chamadas biópsias líquidas, que detectarão fragmentos de DNA tumoral liberados na circulação, estranhos ao indivíduo. Diante da suspeita, o paciente fará um exame de ressonância magnética através de aplicativo do seu próprio celular, que apresentará as imagens já com o perfil genético da lesão. Com auxílio de outro aplicativo, transferirá esses dados para um centro oncológico virtual, sediado num megacomputador inteligente, que lhe dirá o tratamento a ser realizado no seu caso, e onde poderá, por exemplo, recomendar a injeção de vírus programados que penetrarão exclusivamente nas células tumorais, não importa onde estejam, modificando seus DNAs e atraindo as células T matadoras do sistema imunológico. Pronto, o tumor será tratado sem o neurocirurgião.

A história mostra que a ciência pode realizar tudo o que for uma boa ideia, é só uma questão de tempo. Como os sonhos de

Leonardo da Vinci e Júlio Verne, todas as soluções que imaginamos poderão acontecer, como provou Neil Armstrong ao pisar na Lua. Em algumas décadas, tenho certeza, nossos livros médicos estarão em museus, como documentos de uma época em que se abria a cabeça, o tórax e o abdome dos pacientes.

Apêndice
As pandemias

Somos parte de um sistema ecológico que vive em equilíbrio e harmonia. Antes do surgimento do homem já existiam as bactérias, organismos compostos de uma única célula que se encontravam na Terra desde tempos remotos.

Há cerca de 2 bilhões de anos, uma cianobactéria que habitava os oceanos passou a produzir oxigênio ao consumir hidrogênio para sua fotossíntese, alterando assim toda a composição da atmosfera do planeta. Esse fenômeno desencadeou uma seleção natural darwiniana de grandes proporções, obrigando todos os seres vivos a conviver com esse gás, mortalmente corrosivo. Muitas espécies de micro-organismos desapareceram e outras, mais complexas, foram se formando, até chegarmos ao homem, o que melhor se adaptou e dominou a terra. Algumas bactérias passaram a viver em simbiose com organismos maiores, como os humanos, onde elas têm funções fundamentais na digestão, absorção de alimentos e até mesmo na proteção da pele contra organismos invasores. Não podemos, portanto, viver sem elas, mas precisamos nos prevenir daquelas que são estranhas, que se aproveitam de uma ferida ou de uma cirurgia para invadir o organismo, causando infecções fatais se não tratadas adequadamente com antibióticos.

Os vírus, por sua vez, são mais misteriosos, pois não sabemos quando surgiram nem se são organismos vivos. Podemos apenas afirmar que são fragmentos de DNA, onde se encontram nossos códigos genéticos em todas as células do corpo, ou de RNA, que tem funções executivas na célula. Ao contrário das bactérias, os vírus não têm vida própria, não se alimentam, não têm metabolismo, não excretam resíduos e não são capazes de reprodução independente. Coabitam outros organismos sem exercer outra função que não seja a sua própria multiplicação.

Os vírus medem, aproximadamente, a décima milésima parte do milímetro e são envolvidos por uma cápsula de proteína que contém inúmeras saliências na sua superfície, nos mais diversos formatos, chamadas antígenos. Esses vírus, quando entram na circulação sanguínea, navegam a esmo, esbarrando nos diferentes tipos de células dos variados órgãos, até encontrar alguma cujo receptor se encaixe no seu antígeno, como os pinos numa tomada ou os dedos numa luva. Nesse momento, o vírus adere à parede da célula desencadeando reações químicas que favorecem sua penetração. A cápsula então se rompe e o material genético do vírus se incorpora ao da célula, assumindo seu comando. A célula perderá sua função e passará a produzir dezenas de milhares de cópias daquele vírus, até o ponto em que morrerá, liberando todos eles na circulação sanguínea.

Quando o vírus não encontra sua cara-metade, ou seja, um receptor ao qual se adapte, não infectará aquele organismo e acabará por se desintegrar ou ser eliminado. O coronavírus, por exemplo, que normalmente coabita o morcego, teve tamanho contato com os cuidadores desses animais em feiras chinesas, onde eram vendidos, que um dia, por mutação genética, modificou seu formato e, finalmente, encontrou seu receptor em células humanas, adaptando-se ao homem.

Há milhares de anos os homens deixaram de ser nômades e se fixaram à terra, passando a produzir alimentos e a domesticar animais, o que resultou num significativo aumento populacional. A proximidade constante dessa população sem imunidade com os animais domésticos facilitou a troca de vírus, ou seja, os vírus de um se adaptaram ao organismo do outro e vice-versa, surgindo assim as epidemias. Até hoje, praticamente todas as doenças infecciosas que nos afligem ou que nos aniquilaram no passado, como a gripe, o sarampo, a varíola, a cólera, a tuberculose, a malária e a peste bubônica, se originaram em animais. Com o passar do tempo, os indivíduos foram adquirindo resistência aos vírus, pelo contato repetido, proporcionando um novo equilíbrio biológico e o declínio de certas doenças. Nesse ponto, elas passaram a ser endêmicas, pois, apesar de existirem, não mais afetam a população como um todo.

A história é marcada por pandemias que resultaram de aglomerações humanas nos centros urbanos ou nas concentrações militares, dizimando populações e interferindo no destino político e econômico das nações.

O final do Império Romano, por exemplo, foi precipitado por uma sucessão de epidemias, que chegaram a matar 5 mil pessoas por dia na capital, Roma, em meados do século II d.C., reduzindo acentuadamente sua população urbana e rural. Com isso, houve desestruturação do seu até então eficiente sistema fiscal, enfraquecimento militar e menor produção de alimentos, e a fome que sobreveio minou progressivamente o Império do Ocidente. Seu fim só não foi mais rápido porque as mesmas doenças que o enfraqueciam também o protegiam, já que atingiam igualmente os conquistadores bárbaros, ao se aproximarem.

Situações semelhantes propiciaram o surgimento da peste bubônica na Ásia, no século XIV, com o deslocamento de exércitos em guerras, no caso o do Império Mongol. Chegando à Europa, causou a morte de trinta por cento de sua população ocidental, inviabilizando a agricultura na região. Essa crise antecipou o fim do sistema feudal, favorecendo a mecanização rural e a economia de mercado, o que abriu caminho para o progresso. Isso, entretanto, não ocorreu na Europa oriental, menos atingida pela peste, o que a fez persistir, por mais tempo, no sistema econômico ultrapassado. Essa diferença é percebida ainda hoje.

Outro fato histórico emblemático foi a conquista dos impérios asteca e inca pelos espanhóis, cuja maior arma foram as doenças que trouxeram. O mesmo ocorreu no Caribe, em 1802, quando a febre amarela matou cerca de 40 mil soldados que Napoleão Bonaparte enviara à América para tentar conter a Revolução do Haiti, comandada por Toussaint L'Ouverture. Essa devastação, entre outros fatores, fez Napoleão desistir do Novo Continente e decidir vender o território da Louisiana para os Estados Unidos.

O mundo só começou a mudar com a descoberta do princípio da vacina no início do século XVIII pelo médico inglês Edward Jenner, que inoculou o pus das feridas da varíola bovina no homem, produzindo imunidade contra a varíola humana. Apesar da desconfiança da população com a novidade, a morte de Luís XV, rei da França, pela varíola em 1774 fez com que as cortes europeias se apressassem em tomá-la. A primeira aplicação em massa dessa vacina, entretanto, aconteceu nos Estados Unidos em 1776, quando George Washington determinou a imunização de todo seu Exército. Mais tarde, em 1805, Napoleão fez o mesmo, popularizando o método na Europa e contribuindo para o controle da doença e o aumento da população mundial, que se encontrava estagnada havia séculos.

No século XX, assistimos à pandemia do vírus influenza, H1N1, de 1918, durante a Primeira Guerra Mundial, que contaminou trinta por cento da população mundial e matou dezenas de milhões de pessoas. Ao que tudo indica, o vírus surgiu numa pequena cidade no centro-oeste dos Estados Unidos que vivia da pecuária, próxima de uma grande base militar, a qual foi contaminada. Quando as tropas estadunidenses se dirigiram para a Europa e se juntaram às tropas aliadas, no norte da França, disseminaram o vírus, que se espalhou pelo mundo, caracterizando uma pandemia. Exércitos e populações foram arrasados, resultando num número maior de perdas humanas do que em todas as batalhas somadas. A pandemia ficou conhecida como gripe espanhola, pois os países em guerra mantinham censura rígida sobre suas perdas, e a Espanha, fora do conflito, alardeava ao mundo o desastre que vivia, dando a impressão de ser uma doença local.

Em todas as pandemias, os sucessivos surtos vão encontrando populações cada vez mais imunizadas, formando um cordão de isolamento conhecido como imunidade de rebanho. Nesse momento, o vírus não desaparecerá, mas deixará de ser epidêmico para ser endêmico, ou seja, aparecerá vez por outra quando encontrar um desavisado não protegido pela vacina ou pelo contato prévio com a doença.

Conhecedor do mecanismo imunológico, o homem o utilizou a seu favor, maleficamente, em situações de desequilíbrio ecológico. Como em 1859, quando colonizadores ingleses levaram para a Austrália coelhos europeus, um animal que não existia lá e que não tinha predadores. A sua multiplicação descontrolada se tornou um tormento para os pecuaristas, pelos buracos que produziam nos campos e pelo consumo desenfreado dos pastos, que disputavam com o gado. Por isso, depois de inúmeras outras tentativas frustradas, em 1950 foi feita uma transferência intencional para os coelhos australianos do vírus da mixiomatose, parente distante da varíola, que coabitava os coelhos selvagens do Brasil. O efeito foi letal. No primeiro ano, morreram 99,8 por cento dos coelhos australianos. A virulência foi diminuindo a cada ano, mas a população nunca mais voltou a ser a mesma.

Em 1953, a ciência deu um grande salto com a descoberta da estrutura do genoma humano, a dupla-hélice, e, em pouco tempo, já era possível editá-la, aperfeiçoando a produção agrícola e agropecuária. Passamos a produzir clones de animais e já seríamos capazes de fazer o mesmo com seres humanos, se fosse permitido.

Criada no pós-guerra, a OMS anunciou, em 1976, a erradicação da varíola e, logo a seguir, o controle da poliomielite e do sarampo. A ciência e a medicina moderna pareciam se impor à natureza: já conhecíamos bastante sobre os vírus e sabíamos como controlá-los.

Em 1997 surgiu em Hong Kong um novo vírus aviário, o H5N1, que se adaptou ao homem, infectando dezoito pessoas, das quais seis faleceram. As autoridades sanitárias de imediato sacrificaram 1 milhão e duzentos mil frangos, suspeitos de serem a origem do vírus. Ainda assim, casos esporádicos foram notificados em outros países nos anos seguintes. A OMS temeu o risco de uma grave pandemia, pois o vírus causava uma pneumonia chamada de síndrome respiratória aguda grave, com uma taxa de sessenta por cento de mortalidade. O mesmo ocorreu em 2003 em granjas na Holanda, Bélgica e Alemanha, quando um novo vírus, H7N7, também originado em aves domésticas e suínos, contaminou 82 pessoas, provocando uma morte. Mais de 30 milhões de aves e suínos foram eliminados, interrompendo a propagação do vírus.

Em 1980 vimos surgir uma onda mundial de aids. Foi identificado o vírus HIV-1 e atribuiu-se sua origem ao macaco africano, que na realidade era portador do HIV-2, bem menos agressivo. No decorrer dos anos, detectou-se que a transmissão do vírus ocorria, principalmente, pela relação sexual, coincidindo com uma época de grande liberação dos costumes. Parecia uma doença nova, dos tempos modernos. Uma de suas manifestações mais características, entretanto, era o surgimento de um câncer de pele, chamado de sarcoma de Kaposi, presente exclusivamente na vigência da imunodeficiência. O médico Moritz Kaposi, curiosamente, viveu em Viena no século XIX e descreveu a doença, que tem seu nome, em 1872. Tudo leva a crer que a imunodeficiência já existia, de maneira esporádica, e que explodiu num momento de condições favoráveis, com aglomerações e liberdade sexual. Todos esperaram pela vacina para o HIV-1, que nunca veio, e a doença não desapareceu, mas a vida retomou seu ritmo e todos aprenderam a conviver com o risco e a evitá-lo.

Em 2020, quando acreditávamos que as pandemias estivessem dominadas, o inimaginável aconteceu: o mundo literalmente parou diante da fulminante disseminação da covid-19. Vírus altamente contagioso, espalhou-se rapidamente, pois viajava de avião, ao contrário de seus pares, que nos episódios anteriores que relatei iam a cavalo ou de navio, portanto mais lentamente e com menor alcance.

Assim, chegou ao Brasil num piscar de olhos e mal conhecido, pois só tínhamos vagas informações sobre seu comportamento por conta do desastre que provocava na Europa. Ficou claro que nenhum sistema de saúde, de país algum, poderia receber tantos pacientes graves simultaneamente. O improviso e a criatividade se tornaram fundamentais, o que fez com que a Secretaria Estadual de Saúde do Rio de Janeiro solicitasse ao Instituto Estadual do Cérebro, onde sou diretor-médico, seus leitos de UTI para os pacientes contaminados com o novo vírus.

De imediato, foi um susto transformar, de um dia para o outro, um hospital tão especializado em centro de referência para uma doença infecciosa. A crise que se pronunciava era real, e rapidamente entendemos a importância do pedido e nos adaptamos. Foram suspensas as cirurgias e adquiridos novos equipamentos de proteção para os profissionais. O laboratório de biologia molecular, que fazia estudo genético de tumores cerebrais, passou a realizar testes para covid-19; assim, redistribuímos os médicos e plantonistas. Os anestesistas, treinados em intubação orotraqueal, foram incorporados às equipes de UTI. Nossas reuniões diárias, que eram presenciais, passaram a ser on-line, pelos riscos de contágio.

Em meio a essas mudanças, precisávamos manter o atendimento aos pacientes de epilepsia e aos já operados, que vinham regularmente aos ambulatórios em busca de receitas e orientações. A mídia sensibilizou a população, e diariamente recebíamos doações de todo tipo, de alimentos a máscaras de proteção, de robôs para o laboratório a aventais especiais e medicamentos. Uma operação de guerra.

Por ironia, quis o destino que o primeiro paciente com covid-19 encaminhado pela Secretaria de Saúde ao IEC fosse um amigo de longa data. Durante alguns dias, ele foi o único internado no hospital. Fui visitá-lo. Estava lúcido, mas com dificuldade respiratória, ainda que apenas necessitasse da máscara de oxigênio. Tentou falar, mas fiz sinal para que não o fizesse; disse-lhe que ficasse tranquilo, pois tudo ia ficar bem. Mas não foi assim. No dia seguinte houve piora da respiração, e ele precisou ser sedado e intubado. Não acordou mais. Durante quarenta dias lutou pela vida, contra um vírus que diariamente nos trazia uma surpresa. Esse vírus destruiu seus pulmões, lesou seus rins, comprometeu sua imunidade e alterou sua coagulação.

Outros pacientes seguiam nesse caminho, ficando claro que não havia remédio eficaz para tratar a doença; por isso, o fundamental era evitá-la. Para tanto, deveríamos seguir a conduta bíblica de afastamento, como já se fazia na antiguidade, isolando os pacientes com hanseníase. O confinamento é uma conduta milenar para estancar doenças infecciosas. Parecia que estávamos vivendo um filme de terror. Lembrou-me *Os pássaros*, de Alfred Hitchcock, quando as aves invadiram a cidade, atacando seus moradores. No nosso caso eram vírus, obrigando a todos a se trancarem em casa.

A inevitável comparação com a pandemia de 1918 trouxe à tona um tratamento, feito à época, de transfundir aos pacientes infectados o plasma com anticorpos de pacientes recuperados. As descrições médicas de então faziam referência a uma redução de até cinquenta por cento na mortalidade. Não eram dados totalmente confiáveis, pois foram estudos feitos em tempos remotos, em momento de crise, sem o rigor científico exigido nos dias atuais. Mas era uma janela de esperança. Revisando a literatura, encontramos que o tratamento fora também tentado em pandemias posteriores e o método, utilizado no combate a outras viroses, como a raiva, o sarampo e a hepatite B. Era uma tentativa terapêutica que fazia sentido. A especulação e divulgação de várias drogas consideradas eficazes evidenciava outros interesses, já que os pacientes continuavam morrendo, apesar de todos os esforços, sem nenhum sinal de melhora. Médicos acostumados a casos graves e às agruras das UTIs estavam chocados com a rapidez com que os doentes saíam de controle e faleciam. A sensação de medo era geral entre os profissionais de saúde, e muitos pacientes pediam para se despedir dos familiares ao serem comunicados da necessidade da intubação. Era grande o risco de não resistirem. Aqueles que se salvavam eram festejados pelos funcionários na saída do hospital.

Havia um sentimento comum entre os médicos de que seria preciso tentar algo diferente, arriscar, ousar, ou ficaríamos vivendo uma derrota após a outra, sem nenhuma esperança. Foi quando decidimos iniciar a transfusão de plasma com anticorpos de pacientes recuperados. Acertamos uma parceria com o Hemorio, instituição de hematologia do estado do Rio de Janeiro, e com o laboratório de virologia da Universidade Federal do Rio de Janeiro. Cumpridos os trâmites legais, iniciamos as transfusões de esperança.

Os plasmas eram colhidos no Hemorio, doados por voluntários já recuperados, e, a seguir, enviados para os virologistas da UFRJ avaliarem as taxas de anticorpos neutralizantes, que são os eficazes. As primeiras transfusões foram repletas de certeza e de convicção de que salvaríamos aquelas pessoas. Mas não foi assim. Os pacientes chegavam ao instituto em estado muito grave, os órgãos já comprometidos, e, por duas ou três vezes, já sem vida na ambulância. Os anticorpos passaram a ser administrados na chegada à UTI, e, nos dias seguintes, os exames de sangue já mostravam melhora dos marcadores inflamatórios, com a redução da carga viral, mas os pacientes continuavam evoluindo mal. Observamos então que, após a melhora inicial, os marcadores biológicos voltavam a piorar por volta do quarto dia. Adaptamos nosso protocolo e passamos a repetir as transfusões de anticorpos nesse período. Conseguimos, com isso, reduzir a mortalidade de 43 para 17 por cento nas primeiras duas semanas e de 57 para 39 por cento ao final de 28 dias.

Entretanto, um grupo foi premiado e nos premiou. Eram aqueles que chegavam ainda respirando por conta própria e que passaram a receber o plasma com anticorpos de imediato. Todos se salvaram.

Aos poucos, houve redução da demanda por hospitais, e fomos diminuindo as internações por covid. O Instituto do Cérebro voltou gradativamente à sua atividade base: cirurgias cerebrais de alta complexidade, epilepsia, radiocirurgia e outras doenças que também podem ser letais.

Como será a vida daqui para a frente? Acredito que o mundo seguirá seu curso normal, mas ciente de que epidemias fazem parte da vida e do equilíbrio entre os organismos vivos. Nos anos 1980, os homens foram obrigados a incorporar os preservativos em seu dia a dia e, nas décadas seguintes, foi necessário o uso de repelentes de mosquitos para nos proteger da dengue, do zika e de outras viroses de verão. Agora, num momento muito mais grave, vamos adquirir máscaras. Aprenderemos a conviver com mais um vírus. E o homem não vai mudar, pois é um predador que continuará transformando o mundo e se adaptando a ele.

Notas

1. OS LOBOS FRONTAIS: O QUE NOS FAZ HUMANOS [pp. 15-26]

1. Jacques Lacan, *Autres écrits*. Paris: Seuil, 2001, p. 512.
2. Ernst Cassirer, *Ensaio sobre o homem*: Introdução a uma filosofia da cultura humana. São Paulo: Martins Fontes, 2012, pp. 48-9.
3. Dan Jones, "Social Evolution: The Ritual Animal", *Nature*, 23 jan. 2013.

2. A LINGUAGEM E O PENSAMENTO [pp. 27-35]

1. Max Müller, *Lectures on the Science of Language*: Delivered at the Royal Institution of Great Britain in April, May, and June, 1861. Londres: Longmans, Green & Co., 1866, pp. 391-2. Rubicão é o nome do rio cruzado pelo imperador romano Júlio César quando invadiu a Gália com suas legiões, supostamente declarando: "A sorte está lançada".
2. Marcel Proust, *Em busca do tempo perdido*. Trad. de Mário Quintana. São Paulo: Globo, 2007, p. 74.
3. Gilles Deleuze, *Proust e os signos*. Trad. de Antonio Carlos Piquet e Roberto Machado. Rio de Janeiro: Forense, 2003, p. 89.
4. Charles Darwin, "The Expression of the Emotions in Man and Animals (Introduction)". *From So Simple a Beginning*: The Four Great Books of Charles Darwin. Nova York: WW Norton, 2006.
5. MacDonald Critchley, "The Annual Oration", *Medical Society's Transactions*, v. LXXI, 1954-5, p. 2.

6. H. Drinkwater, "The left-handed child", *British Medical Journal*, jun. 1924.

7. Abram Blau e Lawson Lowrey, "The Master Hand: A Study of the Origin of Right and Left Sidedness and Its Relation to Personality and Language", American Orthopsychiatric Association, Wisconsin, 1946.

8. Harvey Ernest Jordan, "The Crime Against Left-Handedness", *Good Health*, v. 57, 1922, pp. 381-2.

3. O MAPA DO CÉREBRO [pp. 36-45]

1. Catherine Malabou, *Ontologia do acidente*: Ensaio sobre a plasticidade destrutiva. Florianópolis: Cultura e Barbárie, 2014, p. 11.

4. A PSICOCIRURGIA [pp. 46-52]

1. Machado de Assis, *Obra completa*: Conto e teatro. Rio de Janeiro: Nova Aguilar, 1994, p. 261.

8. OS LOBOS TEMPORAIS E A MEMÓRIA [pp. 70-82]

1. John Locke, *Ensaio sobre o entendimento humano*. São Paulo: Nova Cultural, 1999, p. 81.

2. Id., "Da identidade e da diversidade". *Ensaio sobre o entendimento humano*, livro II. Trad. de Flavio Fontenelle Loque, *Sképsis*, ano VIII, n. 12, 2015, p. 169.

3. Luciano Mecacci, "Solomon V. Shereshevsky: The Great Russian Mnemonist", *Cortex*, v. 49, n. 8, pp. 2260-3, 2013.

4. Alexander Luria, *The Mind of a Mnemonist*. Trad. de Lynn Solotaroff. Nova York/Londres: Basic, 1968, p. 24.

5. Jorge Luis Borges, "Funes, o memorioso". *Ficções*. São Paulo: Companhia das Letras, 2007.

6. Alexander Luria, op. cit., pp. 81-2.

7. Marcel Proust, *Em busca do tempo perdido*. Trad. de Mário Quintana. São Paulo: Globo, 2006.

8. Id., *Em busca do tempo perdido*. Trad: Fernando Py. Rio de Janeiro: Nova Fronteira, 2016.

9. Gilles Deleuze, *Proust e os signos*. Trad. Antonio Piquet e Roberto Machado. Rio de Janeiro: Forense Universitária, 2003, p. 53.

9. A EPILEPSIA [pp. 83-99]

1. Fiódor Dostoiévski, *Os demônios*. Trad. de Paulo Bezerra. São Paulo: Editora 34, p. 511.

10. O COMA: UM PULO NO ESCURO [pp. 100-109]

1. Jordan M. Komisarow, Theodore Pappas e Shivanand P. Lad, "The Assassination of Robert F. Kennedy: An Analysis of the Senator's Injuries and Neurosurgical Care", *J Neurosurg, Historical Vignette*, v. 30, maio 2019.

12. OS LOBOS PARIETAIS E NOSSA AUTOIMAGEM [pp. 117-23]

1. Oscar Wilde, *Salomé: Drame en un acte*, Paris: Hachette, 2018.

13. OS MISTÉRIOS DA DOR [pp. 124-36]

1. René Leriche, *La Chirurgie discipline de la connaissance*. Paris: La Diane Française, 1949, pp. 71-2.

15. A VISÃO E OS LOBOS OCCIPITAIS [pp. 151-64]

1. Jorge Luis Borges, "A cegueira". *Borges, oral & Sete noites*. Trad. de Heloisa Jahn. São Paulo: Companhia das Letras, 2008, p. 197.

21. AS CÉLULAS-TRONCO: APOSTA DO FUTURO [pp. 208-13]

1. "1967: Primeiro transplante de coração", *Made for Minds*. Disponível em: <www. dw.com/pt-br/1967-primeiro-transplante-de-cora%C3%A7%C3%A3o/a-340975>. Acesso em: 12 set. 2019.

23. ALZHEIMER E AS DEMÊNCIAS [pp. 226-35]

1. K. Maurer; S. Volk e H. Gerbaldo, "Auguste D. and Alzheimer's Disease", *The Lancet*, v. 349, n. 9064, pp. 1546-9, 1997.

2. R. A. Stelzmann; H. Norman Schnitzlein e F. Reed Murtagh, "An English Translation of Alzheimer's 1907 Paper, Über eine Eigenartige Erkankung der Hirnrinde", *Clinical Anatomy*, v. 8, n. 6, pp. 429-31, 1995.

3. "Text of Letter Written by President Ronald Reagan Announcing He Has Alzheimer's Disease", Reagan Library. Disponível em: <https://www.reaganlibrary. gov/sreference/reagan-s-letter-announcing-his-alzheimer-s-diagnosis>. Acesso em: 27 dez. 2019.

1ª EDIÇÃO [2020] 2 reimpressões

ESTA OBRA FOI COMPOSTA PELA ABREU'S SYSTEM EM INES LIGHT
E IMPRESSA EM OFSETE PELA LIS GRÁFICA SOBRE PAPEL PÓLEN SOFT
DA SUZANO S.A. PARA A EDITORA SCHWARCZ EM NOVEMBRO DE 2020